网络
管理与维护

主　编　谢静思
副主编　陈慕君

北京希望电子出版社
Beijing Hope Electronic Press
www.bhp.com.cn

内容简介

本书共分为 10 章，包括计算机网络基础、局域网基础知识、网络设备的工作原理、无线网络基础知识、小型局域网的组建与管理、大中型企业局域网的建设和管理、网络服务的创建与管理、计算机网络安全、网络管理工具的应用、网络维护与网络故障排除等内容。

本书适合作为计算机类相关专业的教材，也可作为计算机网络管理与维护的培训教材。

图书在版编目（CIP）数据

网络管理与维护 / 谢静思主编. — 北京：北京希望电子出版社，2023.9

ISBN 978-7-83002-855-8

Ⅰ. ①网… Ⅱ. ①谢… Ⅲ. ①计算机网络管理②计算机网络—维修 Ⅳ. ①TP393.07

中国国家版本馆 CIP 数据核字(2023)第 156360 号

出版：北京希望电子出版社	封面：黄燕美
地址：北京市海淀区中关村大街 22 号	编辑：付寒冰
中科大厦 A 座 10 层	校对：全 卫
邮编：100190	开本：787mm×1092mm　1/16
网址：www.bhp.com.cn	印张：15
电话：010-82620818（总机）转发行部	字数：356 千字
010-82626237（邮购）	印刷：北京虎彩文化传播有限公司
传真：010-62543892	
经销：各地新华书店	版次：2023 年 9 月 1 版 1 次印刷

定价：49.90 元

前言 PREFACE

随着通信技术和计算机网络的飞速发展，计算机网络应用已经渗透到社会生产、生活的各个方面，为各行各业的用户提供网络服务。为使计算机网络有效运行，需要监测和控制计算机网络资源的性能和使用情况，这就需要培养大量熟练掌握计算机网络知识的管理人员。

本书致力于打造易学易用的知识体系，坚持理论与实际相结合，系统地介绍了计算机网络的基础知识、局域网的组成与管理、网络服务的管理和应用、网络安全管理，以及常见管理工具的使用。每章后都提供了有针对性的习题，可以帮助读者巩固所学知识，掌握本章重点难点，并指导读者进行实践操作，为读者今后的学习和工作打下基础。

本书从"统筹职业教育、高等教育、继续教育协同创新，推进职普融通、产教融合、科教融汇"的思路出发，力求体现技能型和应用型人才的培养特色，围绕计算机相关专业人才的培养目标，按照注重基础、突出实用的原则进行内容设计与开发。本书特色总结如下：

1. 结构清晰、环环相扣

从基础知识、关键技术到具体应用，从网络管理、故障排查到网络维护，突出系统性和全面性。

2. 全面实用、紧贴实际

书中内容选用目前主流的技术、系统及软件，力求做到内容新颖、全面、实用，满足实际工作需求。

3. 学以致用、培养技能

对于关键知识的应用，书中都附有详细的操作步骤，方便读者学习和实践，并有助于读者更好地掌握知识点，培养专业技能。

全书共10章，主要内容安排如下：

章　节	内容概述
第1～4章	讲解计算机网络基础知识、OSI 参考模型、网络术语，局域网的组成、常见设备、传输介质及操作系统，网络设备的工作原理与工作过程、无线局域网的技术标准、无线局域网的网络设备，无线网络的组建、配置和管理等
第5～7章	讲解小型和大中型局域网的规划设计、组建、设备及选型、管理及配置，服务器操作系统的安装及常见服务器的搭建、配置与管理等
第8～10章	讲解网络安全及安全管理、入侵检测与防火墙，网络管理命令、管理工具的作用及使用方法，网络维护的内容、网络故障的排查、网络设备的常见故障及修复、局域网常见故障及处理方法等

　　本书由江西交通职业技术学院谢静思担任主编，河南农业职业学院陈慕君担任副主编，编写分工如下：第1～4章、第10章由谢静思编写，第5～9章由陈慕君编写。本书在编写过程中力求严谨细致，但疏漏之处在所难免，望广大读者批评指正。

编　者

2023年8月

目录 CONTENTS

第3章 网络设备的工作原理

第4章 无线网络基础知识 ▼

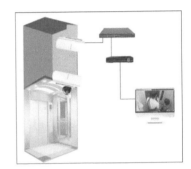

第5章 小型局域网的组建与管理 ▼

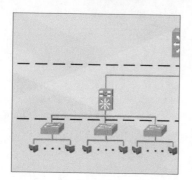

第8章　计算机网络安全

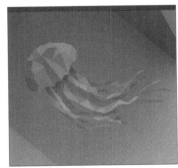

第9章　网络管理工具的应用

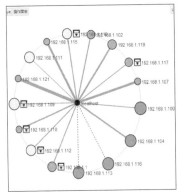

第10章 网络维护与网络故障排除

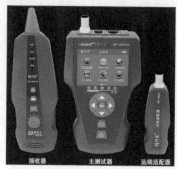
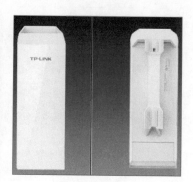

附 录 课后作业参考答案

参考文献

第1章

计算机网络基础

内容概要

　　随着计算机技术的蓬勃发展，在互联网大环境的支持下，与网络相关的硬件产品层出不穷，各种网络终端设备、智能家电产品纷纷加入网络环境中。各种网络应用的出现和普及，如网上购物、网上直播、网上办公，让众多用户感受到网络产生的巨大影响。网络已经成为推动生产力发展的一个重要因素，所以了解并掌握网络知识已成为现代社会中人们的必备技能。

知识要点

　　计算机网络的发展历史。

　　计算机网络的功能与应用。

　　计算机网络的分类。

　　计算机网络的体系结构。

　　IP地址。

　　网络基础知识。

1.1 计算机网络简介

　　计算机网络就是利用通信设备、线路和无线技术等将地理位置不同的、功能独立的多个计算机系统连接起来，以功能完善的网络软件实现网络的硬件、软件资源共享和信息传递的系统。简言之，网络即连接两台或多台计算机进行通信的系统。目前，网络终端已经不只包含计算机，还包括所有可以获取网络地址、使用网络的设备。

　　我国计算机网络技术和应用发展迅速，骨干网络架构不断优化，高速宽带网络已经覆盖全国，5G网络建设和应用全球领先。

■1.1.1 计算机网络的形成与发展

　　1969年，美国国防部高级研究计划署（Advanced Research Project Agency，ARPA）资助建立了一个名为ARPANET（即"阿帕网"）的网络，这个网络把加利福尼亚大学洛杉矶分校、加利福尼亚大学圣芭芭拉分校、斯坦福大学，以及位于盐湖城的犹他州立大学的计算机主机连接起来，如图1-1所示，位于各个节点的大型计算机采用分组交换技术，通过专门的通信交换机和专门的通信线路相互连接。这个阿帕网就是因特网最早的雏形。

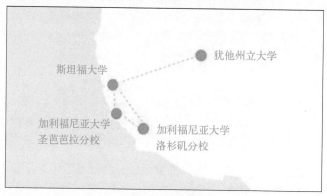

图 1-1　阿帕网

　　现在一般将计算机网络的发展划分为4个阶段。

1. 远程终端联机阶段

　　早期的计算机系统是高度集中的，所有的设备都安装在单独的机房中，后来出现了批处理和分时系统，多个终端分别连接着中心计算机。20世纪50年代中后期，许多系统都将地理上分散的多个终端通过通信线路连接到一台中心计算机上，由此出现了第一代计算机网络。它是以单个计算机为中心的远程联机系统，如图1-2所示。

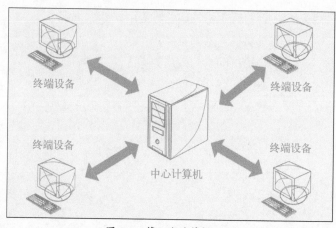

图 1-2　第一代计算机网络

这种网络系统的缺点在于：如果中心计算机系统负荷过重，会导致整个网络系统的速度下降，而一旦中心计算机系统发生故障，将会导致整个网络系统瘫痪。另外，网络中只提供终端和主机之间的通信，子网之间无法通信。

当时的计算机网络被定义为"以传输信息为目的而连接起来的、用于实现远程信息处理或进一步达到资源共享的计算机系统"，这样的计算机系统已经具备了通信的雏形。

2. 计算机网络阶段

20世纪60年代出现了大型主机，因而也提出了对大型主机资源远程共享的要求，以程控交换为特征的电信技术的发展为这种远程通信提供了实现方法。第二代计算机网络兴起于60年代后期，此时的网络主机之间不是直接用线路相连，而是由接口消息处理器（interface message processor，IMP）转接后互连，从而为用户提供服务，如图1-3所示。

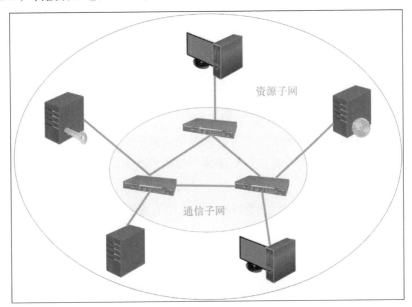

图 1-3　第二代计算机网络

两台主机之间的通信（包括对传送信息内容的理解、信息的表示形式，以及各种情况下的应答信号）必须遵守一个共同的约定，这就是"协议"。在阿帕网中，将协议按功能分成了若干层次。如何分层，以及各层中具体采用的协议总和，被称为网络体系结构。

20世纪70年代后期是通信网大发展的时期，各发达国家政府部门、研究机构和电报电话公司都在发展分组交换网络。这些网络以实现计算机之间的远程数据传输和信息共享为主要目的，通信线路大多采用租用电话线路，少数铺设专用线路。

第二代计算机网络开始以通信子网为中心，这时候的网络被定义为"以能够共享资源为目的互连起来的具有独立功能的计算机的集合体"。

3. 计算机网络互连阶段

随着计算机网络技术的逐渐成熟，网络应用越来越广泛，网络规模增大，通信变得复杂。各大计算机公司纷纷制定了自己的网络技术标准，这些网络技术标准只针对在一个公司范围内的同构型设备有效，可以使这些设备之间互连互通。网络通信市场这种各自为政的状况使得用户在购买和投资方向上无所适从，也不利于厂商之间的公平竞争。1977年国际标准化组织（International Organization for Standardization，ISO）的信息处理技术委员会（TC97）、分技术委员会（SC16）开始着手制订开放系统互连参考模型（open systems interconnection reference model，OSI-RM），规范并使用通用网络协议，才最终将各种网络组合成一个整体，也就是互联网，如图1-4所示。

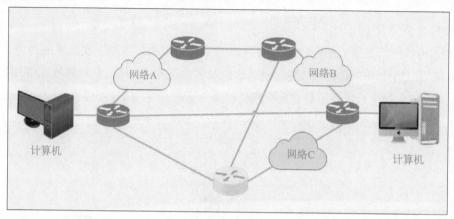

图1-4　互联网

OSI参考模型的出现，标志着第三代计算机网络的诞生。此时的计算机网络在共同的OSI参考模型的基础上，形成了一个具有统一网络体系结构并遵循国际标准的开放式和标准化的网络。OSI参考模型把网络划分为七层，并规定计算机之间只能在对应层之间进行通信，大大简化了网络通信原理，是公认的新一代计算机网络体系结构的基础，为普及局域网奠定了基础。

4. 国际互联网及信息高速公路阶段

20世纪80年代末，局域网技术发展成熟，出现了光纤及高速网络技术，整个网络像是一个对用户透明的大型计算机系统。此时的计算机网络被定义为"将多个具有独立工作能力的计算机系统通过通信设备和线路连接，并由功能完善的网络软件实现资源共享和数据通信的系统"。事实上，对于计算机网络从未有过一个标准的定义。

1972年，Xerox公司开发出以太网。1980年2月电气电子工程师学会（Institute of Electrical and Electronics Engineers，IEEE）组织了802委员会，开始制订局域网标准。1985年美国国家科学基金会（National Science Foundation，NSF）利用ARPANET协议建立了用于科学研究和教育的骨干网络——国家科学基金网（national science fund network，NSFNET），1990年NSFNET取代ARPANET成为国家骨干网，从此网上的电子邮件（e-mail）、文件下载和信息传输受到欢迎和广泛使用。20世纪90年代后期，商用Internet，即因特网逐渐取代NSFNET并以惊人的速度发展壮大。以因特网为代表的互联网就是应用至今的第四代计算机网络。

宽带综合业务数字网、信息高速公路、异步传送模式（asynchronous transfer mode，ATM）技术、综合业务数字网（integrated service digital network，ISDN）、千兆以太网等在因特网基础上应运而生，而现在比较普及的网上会议、网上购物、网上银行、网上直播等新兴事物则都起源于这一时期，如图1-5和图1-6所示。

图 1-5 网上购物

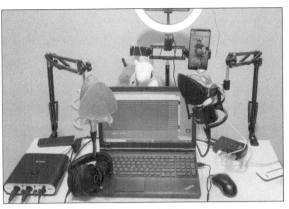

图 1-6 网上直播

■1.1.2 计算机网络的功能与应用

计算机网络从出现、发展到现在的大规模应用，都是以人们的需求为导向。目前，计算机网络的主要应用包括以下几个方面。

1. 数据交换

网络通信的实质就是数据交换，通信设备之间、网络设备之间、网络设备和通信设备之间都需要快速可靠地相互传递数据，如图1-7所示。例如，传真、电子邮件、电子数据交换、文件传输服务（FTP）、公告板系统（BBS）、远程登录（telnet）与信息浏览等通信服务，能否将数据从一个节点快速、高效、安全、准确地传递给其他节点是衡量网络通信质量的重要标准。

2. 资源共享

充分利用计算机网络中资源子网提供的各种资源（包括硬件、软件和数据）是计算机网络组网的重要目的。有很多资源是需要专业机构进行管理和维护的，不可能为单个用户所拥有，例如，进行复杂运算的巨型计算机，其使用流程如图1-8所示。另外，海量存储器、大型绘图仪和一些特殊的外部设备、大型数据库和大型软件、一些高等学府的学术资源等都可以通过网络为所有用户共享和使用。资源共享既可以使用户节省开支，又可以提高这些资源的利用率，从而推动生产力的发展。

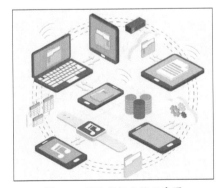

图 1-7 网络数据交换示意图

图 1-8 巨型计算机使用流程

3. 提高系统可靠性及安全性

为了确保计算机和终端的日常安全性，可以进行备份操作。对于需要7×24 h不间断运行的网络服务器，如运行订票系统、网购系统、金融服务系统等的服务器，以前的单机备份或者同机房备份已经不再适用。一旦出现问题，无法通过快速启用备份进行替换，将导致大量数据的丢失，损失是难以承受的。近年来，随着网络技术的迅猛发展，各大门户服务网站在不同的地域建立了数据中心，并通过网络相互备份，当某一处服务器发生故障时，其他地方的服务器可以代为处理，且可以做到无感切换。因此，网络在提高可靠性及可用性方面发挥了至关重要的作用。网络备份功能常和负载均衡策略共同使用，如图1-9所示。图中北京、上海、广州三地的服务器集群日常按时同步、互相备份，若上海用户连接的服务器发生故障，则会自动切换到备用链路，连接到广州的服务器。

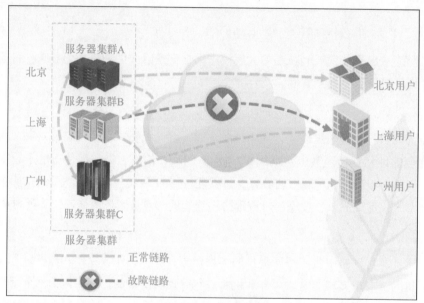

图 1-9　服务器集群

4. 负载均衡

当网络中某地区的网络负荷太重时，可以按照预定的设置将部分服务请求分配到网络中较空闲的同类服务器上去响应，或由网络中比较空闲的服务器分担负荷。这样就可以避免网络中的服务器忙闲不均，使整个网络资源能互相协作，既不影响请求速度又能充分利用软、硬件资源。例如，为了支持更多的用户能同时快速访问网站，大型ICP（因特网内容提供商）会在全国各地甚至世界各地放置各种缓存服务器，然后通过技术手段使不同区域的用户查看距离最近或者速度最快的服务器上的内容，从而实现各服务器之间的负载均衡，使资源得到合理调整，同时也避免了用户时间和资源的浪费。

5. 分布式网络处理

在计算机网络中，用户可根据问题的实质和要求选择网内最合适的资源进行处理，以便问题能迅速而经济地得到解决。对于综合性的大型问题，可以采用合适的算法将任务分散到不同的计算机上进行处理。利用网络技术，还可以将许多小型机或微型机连接成高性能分布式计算机系统，从而提高解决复杂问题的能力，同时大幅降低费用。

6. 提高系统性价比，便于扩充和维护

各终端设备加入网络，虽然增加了通信费用，但由于资源共享，明显提高了整个系统的性能价格比，降低了整个系统的维护费用，并且更易于扩充资源子网中的各种资源，构建更实用的新型网络系统。

■1.1.3 计算机网络的分类

计算机网络可以按照不同的划分标准进行分类。在日常使用时，最常见的分类标准是按照网络的分布距离和覆盖范围进行划分。

1. 局域网

局域网（local area network，LAN）是指将较小范围内（一般指10 km以内）的计算机或数据终端设备连接在一起组成的通信网络。局域网通常应用于办公楼、居民楼、公司、店铺或校园内，如图1-10所示，支持范围可大可小，非常灵活。

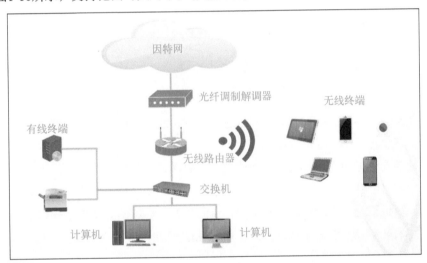

图1-10 局域网

局域网的特点是分布距离近、连接范围小、用户数量少、传输速度快、连接费用低、数据传输误码率低。目前大部分局域网的运行速度为100 Mbit/s，有较好硬件基础的用户的网络运行速度一般为1 000 Mbit/s。现在最新的主板配备的是速率为10 Gbit/s的网卡，以后的发展趋势是，局域网内部有线终端的速度为1 000 Mbit/s，主干网的速度为10 Gbit/s或更高。

现在大部分局域网都支持无线连接，而且因其便捷性的优势，无线终端已经成为现在局域网主要的网络设备。

2. 城域网

城域网（metropolitan area network，MAN）指的是覆盖城市级别范围的大型局域网。城域网所采用的技术基本上与局域网类似，只是规模上要更大。城域网既可以覆盖相距不远的几栋办公楼，也可以覆盖一座城市；既可以是私用网，也可以是公用网。城域网由于采用了具有

有源交换元件的局域网技术，网中传输延时相对较小，传输媒介主要采用光纤和无线技术。例如，某高校在城市中有多个校区或者行政办公位置，通过网络将这些校园网连接起来就形成了城域网，如图1-11所示。城域网的连接距离可以在10 km~100 km范围内。与局域网相比，城域网传输扩展的距离更长，覆盖的范围更广，传输速率更高，技术先进，安全性高，属于局域网的延伸，但连接费用较高。

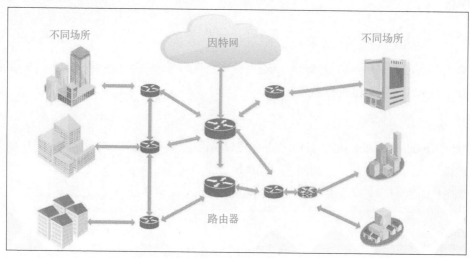

图 1-11　城域网

3. 广域网

广域网（wide area network，WAN）也称远程网，通常跨越很大的物理范围，所覆盖的范围从几十千米到几千千米。它能连接多个城市或国家，甚至横跨几个洲，并能提供远距离通信，形成国际性的远程网络，覆盖的范围比局域网和城域网都广。广域网的通信子网主要使用分组交换技术，可以利用公用分组交换网、卫星通信网和无线分组交换网，将分布在不同地区的局域网或计算机系统互联起来，达到资源共享的目的。广域网的特点是覆盖范围最广，通信距离最远，技术最复杂，建设费用最高。日常使用的因特网就是广域网的一种。

■1.1.4　因特网的高速发展

Internet是世界上规模最大、用户最多、影响最大的计算机互联网络，中文正式译名为因特网，又叫作国际互联网，是由使用公用语言及协议，能互相通信的计算机及计算机网络连接而成的全球网络。用户只要连接到它的任何一个节点上，就意味着已经接入因特网了。目前，因特网的用户已经遍及全球。

前面介绍过因特网是从阿帕网发展而来，最初只有4所大学在该网络中。到20世纪70年代中期，随着通信需求的增多，ARPA开始研究多种网络互联的技术，这种形式的互联网就是后来因特网的雏形。1983年，TCP/IP协议成为ARPANET上的标准协议，从此所有使用TCP/IP协议的计算机都能利用互联网相互通信。1990年，ARPANET正式宣布关闭，完成了自己的试验使命。

1985年，美国国家科学基金会围绕6个大型计算机中心建设计算机网络，即美国国家科学基金网（NSFNET）。NSFNET是一个三级计算机网络，分为主干网、地区网和校园网（企业网）。这种类型的三级计算机网络覆盖了全美国主要的大学和研究所，成为因特网中的主要组成部分。1991年是因特网的爆发期，网络不再局限于美国，世界各国的许多公司纷纷接入因特网。同时，美国政府决定将因特网的主干网转交给私人公司经营，并对接入因特网的单位收费，由此开始了因特网的商业化发展。

从1993年开始，由美国政府资助的NSFNET逐渐被若干商用的因特网主干网替代，政府机构不再负责因特网的运营。ISP（Internet Service Provider，因特网服务提供方）拥有从因特网管理机构申请到的多个IP地址，同时拥有通信线路（自己建造或租用）和路由器等连网设备。任何机构或个人，只要向ISP交纳规定的费用，就可以从ISP获得IP地址，通过ISP接入因特网。

20世纪90年代，由欧洲核子研究组织（Conseil Européen pour la Recherche Nucléaire，CERN）开发的万维网（World Wide Web，WWW）被广泛应用在因特网上，促使因特网的规模以指数级增长。

1.2　计算机网络体系结构

计算机网络体系结构是计算机网络的基础架构，它是计算机网络的核心组成部分，对于理解计算机网络的工作原理和实现具有重要意义。

■1.2.1　计算机网络体系结构简介

计算机网络体系结构是指计算机网络的基础框架，它定义了计算机网络的组成和运行方式，规定了网络中各个组件之间的相互关系和通信规则。这个框架采用层次结构，包括多个层次和组件，每个层次和组件都有其特定的功能和职责。

网络体系结构虽然是一个抽象的概念，但是其实现是具体的，是需要运行在具体的计算机软件和硬件之上的。因此，构建一个计算机网络，不但要考虑网络的体系架构，还要特别关注它的具体实现，包括使用何种硬件和软件、实现何种功能等。

计算机网络在发展到网络互联阶段后，遇到了厂商各自为政的情况。为了寻求有效的解决方法，1977年国际标准化组织（ISO）着手制订开放系统互连（OSI）参考模型。该模型给出了一种构建计算机网络的体系结构，试图以此作为此后计算机网络互联在体系结构上的规范。目前，从理论体系上介绍网络体系结构，广泛采用的就是OSI参考模型。

■1.2.2　网络通信协议与层次划分

计算机网络最基本的功能是数据传输，实现数据传输的前提是网络设备之间能够通信，而实现通信必须依靠网络通信协议。这是因为，无论使用的是哪种类型的计算机网络，都需要有一种规则或者标准来指导数据的传输，这种规则或者标准就是网络通信协议。

网络通信协议可以理解为计算机等终端及网络设备之间的通用语言。互联网可以互通，本质上就是使用了一系列的网络通信协议。

除了规范双方的语言外，还需统一规范双方所使用的硬件标准，如接口标准、引脚的功能作用、线材的芯径和线径等。在满足了以上标准后，双方就可以进行数据通信了。

因为直接创建整个网络通信体系结构非常困难，不仅要考虑同种类设备间的通信（如交换机之间），还要考虑不同种类设备间的通信（如计算机和路由器之间）。于是，人们想到用分层的设计思想，将整个复杂的系统分成若干层，把复杂的问题变成层级的组合，这样在实际操作时，就只需要考虑每层的功能及层与层之间的通信即可，这便是ISO制定OSI参考模型的思路。

■1.2.3 OSI参考模型

OSI参考模型即开放系统互连参考模型，是由国际标准化组织（ISO）制定的，其目的是为异种计算机互联提供一个共同的基础和标准框架，并为保持相关标准的一致性和兼容性提供共同的参考。这里所说的开放系统，实质上指的是遵循OSI参考模型和相关协议并能够实现互联的具有各种应用目的的计算机系统。OSI参考模型分为七层，从低到高分别是：物理层、数据链路层、网络层、传输层、会话层、表示层和应用层，如图1-12所示。

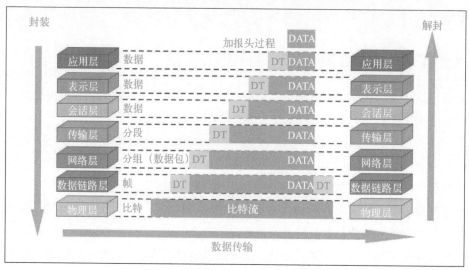

图 1-12　OSI 参考模型

1. 物理层

按照自下而上的顺序，物理层是OSI的第一层，属于最下层，是整个开放系统的基础。物理层为设备之间的数据通信提供传输媒体及互连设备，为数据传输提供可靠的环境。

物理层的任务就是为上层（数据链路层）提供物理连接，实现比特流的透明传输。物理层定义了通信设备与传输线路接口的电气特性、机械特性、应具备的功能等，如产生"1""0"的电压大小、变化间隔、电缆如何与网卡连接、如何传输数据等。物理层负责在数据终端设备、数据通信和交换设备之间完成数据链路的建立、保持和拆除操作。这一层关注的问题大都是机械接口、电气接口、物理传输介质等。

2. 数据链路层

数据链路层是OSI参考模型中的第二层，介于物理层和网络层之间。一方面，数据链路层在物理层提供服务的基础上向网络层提供服务；另一方面，该层将来自网络层的数据按照一定格式分割成数据帧，然后将帧按顺序送出，并等待由接收端送回的应答帧。

数据链路层主要功能有：

- **链路管理**：指数据链路连接的建立、拆除和分离。
- **帧定界和帧同步**：数据链路层的数据传输单元是帧。每一帧包括数据和一些必要的控制信息。协议不同，帧的长短和界面也有差别，但无论如何都必须对帧进行定界，并且调节发送速率以使之与接收方相匹配。
- **顺序控制**：指对帧的收发顺序的控制。
- **差错检测、差错恢复**：因为传输线路上有大量的噪声，所以传输的数据帧有可能被破坏。差错检测是指用方阵码校验和循环码校验来检测信道上数据的误码，用序号检测帧丢失等。各种错误的恢复则常靠反馈重发技术来完成。
- **流量控制**：是指控制相邻两节点之间数据链路上的流量。

数据链路层的任务就是把一条可能存在错误的链路转变成让网络层在收发数据时看到的像是一条不出差错的理想链路。数据链路层可以使用的协议有SLIP、PPP、X.25和帧中继等。日常生活中使用的Modem（即调制解调器，俗称"猫"）等拨号设备都工作在该层。工作在该层上的交换机被称为"二层交换机"，是按照存储的MAC（medium access control，介质访问控制）地址表进行数据传输的。

3. 网络层

网络层负责管理网络地址、定位设备、决定路由等，如熟知的IP地址和路由器就是工作在这一层。上层的数据段在这一层被分割，封装后叫作包（packet）。包有两种，一种叫作用户数据包（data packet），是上层传下来的用户数据；另一种叫作路由更新包（route update packet），是直接由路由器发出来，用来和其他路由器进行路由信息交换的。网络层负责对子网间的数据包进行路由选择。

网络层的主要作用有：

- **数据包封装与解封**。
- **异构网络互联**：用于连接不同类型的网络，使终端能够通信。
- **路由与转发**：指按照复杂的分布式算法，根据从各相邻路由器所得到的关于整个网络拓扑的变化情况，动态地改变所选择的路由，并根据转发表将用户的IP数据报从合适的端口转发出去。
- **拥塞控制**：获取网络中发生拥塞的信息，利用这些信息进行控制，以避免由于拥塞而出现分组的丢失，甚至由于严重拥塞而产生网络死锁的现象。

4. 传输层

传输层是一个端到端，即主机到主机的层次。传输层负责将上层数据分段并提供端到端的、可靠的（指用TCP协议的）或不可靠的（指用UDP协议的）传输。此外，传输层还要处理端到端的差错控制和流量控制问题。传输层的任务是建立、维护和取消传输连接，即负责端到端的可靠数据传输。在这一层，信息传送的协议数据单元被称为段或报文。通常说的TCP"三次握手""四次断开"就是在这层完成的。

传输层是计算机网络体系中最重要的一层，传输层协议也是最复杂的，其复杂程度取决于网络层所提供的服务类型及上层对传输层的要求。换言之，网络层只是根据网络地址将源节点发出的数据包传送到目的节点，而传输层则负责将数据可靠地传送到相应的端口。常见的QoS（quality of service，服务质量）就是这一层的主要服务。

5. 会话层

会话层管理主机之间的会话进程，即负责建立、管理、终止进程之间的会话。会话层还通过在数据中插入校验点来实现数据的同步。

会话层不参与具体的数据传输，而是利用传输层提供的服务，在本层提供会话服务（如访问验证）、会话管理和会话同步等，建立和维护应用程序间通信的机制，最常见的服务器验证用户登录便是由会话层完成的。另外，本层还提供单工（simplex）、半双工（half duplex）、全双工（full duplex）3种通信模式的服务。

会话层服务包括会话连接管理服务、会话数据交换服务、会话交互管理服务、会话连接同步服务和异常报告服务等。会话服务过程可分为会话连接建立、报文传送和会话连接释放3个阶段。

6. 表示层

这一层主要处理流经端口的数据代码的表示方式问题。表示层的作用之一是为异种机通信提供一种公共语言，以便能进行交互操作。之所以需要这种类型的服务，是因为不同的计算机体系结构使用的数据表示法不同。例如，IBM主机使用EBCDIC编码，而大部分个人计算机使用的是ASCII码，所以需要表示层完成这种转换。

表示层主要包括如下服务：

- **数据表示**：解决数据语法表示问题，如文本、声音、图形图像的表示，确定数据传输时的数据结构。
- **语法转换**：为使各个系统间交换的数据具有相同的语义，应用层采用的是对数据进行一般结构描述的抽象语法，表示层为抽象语法指定一种编码规则，以构成一种传输语法。
- **数据加密、解密**：通过加密，可以对敏感数据进行保护，防止未经授权的用户访问和泄露，这对于数据的安全性至关重要；而解密则是对加密数据进行还原，当数据被加密后，只有授权用户才能解密。数据加密、解密是表示层保障数据安全性的主要措施之一。
- **连接管理**：利用会话层提供的服务建立表示连接，并管理在这个连接之上的数据传输和同步控制，以及正常或异常地释放这个连接。

7. 应用层

应用层是OSI参考模型的最高层，是用户与网络的接口，用于确定通信对象，并确保有足够的资源用于通信。当然，这些都是想要通信的应用程序做的事情。应用层为操作系统或网络应用程序提供访问网络服务的接口，向应用程序提供服务。这些服务按其向应用程序提供的特性分成组，有些服务可为多种应用程序共同使用，而有些服务则为较少的一类应用程序使用。应用层是开放系统的最高层，是直接为应用进程提供服务的，其作用是在实现多个系统应用进程相互通信的同时，完成一系列业务处理所需的服务。

应用层通过支持不同应用协议的程序来解决用户的应用需求，如文件传输采用FTP（file transfer protocol，文件传送协议）、远程登录采用telnet协议，电子邮件服务采用SMTP（simple mail transfer protocol，简单邮件传送协议），网页服务采用HTTP（hypertext transfer protocol，超文本传送协议）等。

1.2.4 TCP/IP参考模型

与传统OSI参考模型相比，TCP/IP参考模型是一种更具实用性的模型，实际应用更广。TCP/IP协议先于TCP/IP模型出现，并且比OSI参考模型出现得更早。

TCP/IP协议（transmission control protocol/internet protocol），中文译名为传输控制协议/互联网协议，俗称网络通信协议，是因特网最基本的协议，是国际互联网络的基础。TCP/IP协议由网络层的IP协议和传输层的TCP协议组成，是因特网最常用的一种协议，可以说是事实上的一种网络通信标准协议，同时它也是最复杂、最庞大的一种协议。TCP/IP协议于1969年由美国国防部高级研究计划署（ARPA）开发，是为跨越局域网和广域网环境的大规模互联网络而设计的。

TCP/IP协议定义了电子设备如何连入因特网，以及数据传输的标准。协议采用了4层的层级结构，分别为应用层、传输层、网络层和网络接口层，每一层都呼叫它的下一层所提供的网络协议来完成本层的需求。TCP协议负责发现传输的问题，一有问题就发出信号，要求重新传输，直到所有数据安全、正确地传输到目的地；而IP协议是给因特网的每一台联网设备规定一个地址，以方便传输。

TCP/IP参考模型与OSI七层模型的关系，如图1-13所示。

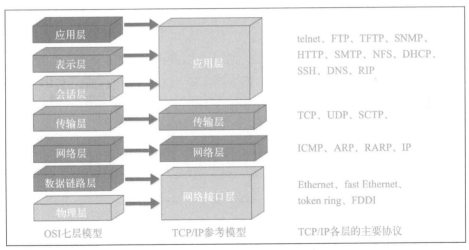

图 1-13 TCP/IP 参考模型与 OSI 七层模型的关系

TCP/IP模型完全忽略了网络的物理特性，而把任何一个能传输数据分组的通信系统都看作网络。这种网络的对等性大大简化了网络互联技术的实现。

TCP/IP通信协议具有灵活性，支持任意规模的网络，几乎可连接所有的服务器和工作站。正是因为它的灵活性，才带来了它的复杂性。它需要针对不同网络进行不同设置，并且每个节点至少需要一个"IP地址"、一个"子网掩码"、一个"默认网关"和一个"主机名"。因此，为了简化TCP/IP协议的设置，微软公司在其Windows NT及后面的Windows Server操作系统中都配置了一个动态主机配置协议（dynamic host configuration protocol，DHCP），它可以为客户端自动分配IP地址，从而避免了地址冲突及配置出错。

1.3 IP地址

IP是英文internet protocol的缩写，意思是"互联网协议"，也就是为计算机网络相互连接进行通信而设计的协议。

■1.3.1 IP地址简介

IP协议规定了计算机在因特网上进行通信时应当遵守的规则，并使连接到网上的所有计算机、设备及网络能够相互通信。正是因为IP协议的优势，因特网才得以迅速发展成为世界上最大的、开放的计算机通信网络。因此，IP协议也可以叫作"因特网协议"。

可以将IP地址理解为因特网上的设备的一个编号。日常见到的情况是每台联网的计算机上都需要有IP地址。如果把网络终端比作"电话"，那么"IP地址"就相当于"电话号码"，而因特网中的路由器就相当于电信局的"程控式交换机"。

■1.3.2 IP地址的结构

IP地址是由32位二进制数组成的，通常被分割为4个"8位二进制数"（也就是4个字节）。由于二进制不好记忆，IP地址通常用"点分十进制"表示成（a.b.c.d）的形式，其中，a、b、c、d都是0~255之间的十进制整数。例如，点分十进制IP地址（1.2.3.4），实际上是32位二进制数（00000001.00000010.00000011.00000100）。

■1.3.3 IP地址的分类

IP地址本身由网络地址和主机地址两部分组成：网络地址用于标识该IP地址所在的网络，而主机地址用于标识该网络主机。类似于电话号码，如010-12345678，其中010为区号，代表一个地区，作用同网络地址类似；12345678为电话号码，同主机地址类似。二者组合在一起就代表唯一的电话号码，而在网络上就是指特定的一台网络设备。

由于每个网络中拥有的计算机数量不同，因特网架构委员会（Internet Architecture Board，IAB）根据网络规模的大小，将IP地址空间划分为A类至E类5种不同的地址类别，如表1-1所示。

表 1-1 因特网 IP 地址分类

	1		8	16	24	32
A 类地址 1~126	0	网络地址（7 位）		主机号（24 位）		
B 类地址 128~191	1	0	网络地址（14 位）		主机号（16 位）	
C 类地址 192~223	1	1	0	网络地址（21 位）		主机号(8位)
D 类地址 224~239	1	1	1	0	组播地址（28 位）	
E 类地址 240~255	1	1	1	1	0	保留用于实验和将来使用

1. A类地址

在IP地址的4段号码中，第1段号码为网络号码，剩下的3段号码为本地计算机的号码，4段号码的组合叫作A类地址。如果用二进制表示IP地址，A类IP地址就由1字节的网络地址和3字节的主机地址组成。A类地址中网络的数量较少，仅有126个网络，但每个网络可以容纳的主机数达1 600多万台。

A类地址中的网络地址的最高位必须是"0"，但网络地址不能全为"0"。也就是说，A类地址中的网络地址的范围为1~126，不能为127，因为该地址被保留用作回路及诊断地址，任何发送给127.X.X.X的数据都会被网卡传回该主机，用于检测使用。主机地址也不能全为0和全为1（即11111111，用十进制表示即为255），全为0代表该地址所在的网络本身，而全为1则代表该网络地址中的所有主机，用于在该网络内发送广播包。如100.0.0.0，代表100这个网络，而100.255.255.255是广播地址，这个规则在其他类地址中也同样适用。因此，A类地址的每个网络支持的最大主机数为$2^{24}-2=16\ 777\ 214$台。

2. B类地址

在IP地址的4段号码中，前两段号码为网络号码。如果用二进制表示IP地址，B类IP地址就由2字节的网络地址和2字节的主机地址组成，网络地址的最高位必须是"10"。B类IP地址中网络的标识长度为16位，主机的标识长度为16位，即B类网络地址的取值介于128～191之间。

B类网络地址适用于中等规模的网络，可有多达16 384个网络，每个网络所能容纳的计算机数为$2^{16}-2=65\ 534$台。

其中，165.254.0.0也是不使用的，在DHCP发生故障或者响应时间太长导致超出了系统规定的时间时，系统会自动分配这样一个地址。如果发现主机IP地址是这样的地址，该主机的网络大都不能正常运行。

3. C类地址

在IP地址的4段号码中，前3段号码为网络号码，剩下的一段号码为本地计算机的号码。如果用二进制表示IP地址，C类IP地址就由3字节的网络地址和1字节的主机地址组成，网络地址的最高位必须是"110"。C类网络地址取值介于192~223之间，C类IP地址中网络的标识长度为24位，主机的标识长度为8位。C类地址有多达209万余个网络地址，数量较多，适用于小规模的局域网络，每个网络最多只能包含$2^8-2=254$台计算机。

4. D类地址

D类IP地址不分网络号和主机号，在历史上被叫作多播地址（multicast address），即组播地址。在以太网中，多播地址命名了一组站点，这组站点都应该在这个网络应用中接收到同一个分组信息。多播地址的最高位必须是"1110"，范围为224～239。

5. E类地址

E类地址为保留地址，也可以用于实验用途，但不能分给正常的主机使用。E类地址以"11110"开头，范围为240～255。

■1.3.4 保留IP

理想状态下，每个联网的设备都可以获取到一个正常的、可以通信的IP地址。但是，由于网络的发展，需要联网并且需要使用IP地址的设备已经不是IPv4地址池所能满足的。为了满足家庭、企业、校园等需要大量IP地址的内部网络的要求，因特网编号分配机构（Internet assigned numbers authority，IANA）将A、B、C类地址中挑选的一部分保留地址作为内部网络地址使用。保留地址也叫作私有地址（private address）或者专用地址，它们不会在全球使用，只具有本地意义。私有地址范围：A类为10.0.0.0～10.255.255.255和100.64.0.0～100.127.255.255，B类为172.16.0.0～172.31.255.255，C类为192.168.0.0～192.168.255.255。

这些IP地址被大量网络使用，自然会有很多重复，那么为什么还可以正常使用，并且实现网络间通信呢？这就是网关设备的作用。网关设备获取到可以正常通信的IP地址，再通过网络地址转换（network address translation，NAT）技术将内部计算机发送的数据包中的IP地址转换成可以在公网上传递的数据包并发送出去，在接收到数据后，根据映射表，将数据传回内网的计算机。

■1.3.5 网络地址与广播地址

网络地址的主机号为全0，网络地址代表着整个网络。如192.168.0.0/16，代表192.168.0.0这个网络，其中的主机地址从192.168.0.1~192.168.255.254。

广播地址通常称为直接广播地址，是为了区分受限广播地址。广播地址与网络地址的主机号正好相反，广播地址中，主机号全为1。如192.168.255.255/16，代表192.168.0.0这个网络中的所有主机。当向该网络的广播地址发送消息时，该网络内的所有主机都能收到该广播消息。

■1.3.6 IPv4与IPv6

现有的互联网是在IPv4协议的基础上运行的。IPv6是下一版本的互联网协议，也可以说是下一代互联网的协议。随着互联网的迅速发展，IPv4定义的有限地址空间将被耗尽，而地址空间的不足必将阻碍互联网的进一步发展。通过IPv6重新定义地址空间，可以扩大IP地址空间。IPv4采用32位地址长度，只有大约43亿个地址，而IPv6采用128位地址长度，几乎可以不受限制地提供地址。按保守方法估算IPv6实际可分配的地址，整个地球的每平方米面积上可分配1 000多个。在IPv6的设计过程中，除了解决地址短缺问题以外，还考虑到性能的优化，包括端到端IP连接、服务质量、安全性、多播、移动性、即插即用等。

与IPv4相比，IPv6主要有如下优势：

- **明显地扩大了地址空间**。IPv6采用128位地址长度，几乎可以不受限制地提供IP地址，从而确保了端到端连接的可能性。

- **提高了网络的整体吞吐量**。由于IPv6的数据包可以远远超过64k字节，应用程序可以利用最大传输单元（maximum transmission unit，MTU）获得更快、更可靠的数据传输，同时在设计上改进了选路结构，采用简化的报头定长结构和更合理的分段方法，使路由器加快了数据包的处理速度，提高了转发效率，从而提高网络的整体吞吐量。

- **改善整个服务质量**。报头中的业务级别和流标记通过路由器的配置可以实现优先级控制和QoS保障。

- **安全性有了更好的保证**。采用互联网络层安全协议（internet protocol security，IPSec）技术，可以为上层协议和应用提供有效的端到端安全保证，提高在路由器水平上的安全性。
- **支持即插即用和移动性**。设备接入网络时通过自动配置可自动获取IP地址和必要的参数，实现即插即用，简化了网络管理，易于支持移动节点；而且IPv6不仅从IPv4中借鉴了许多概念和术语，还定义了许多移动IPv6所需的新功能。
- **更好地实现了多播功能**。在IPv6的多播功能中增加了"范围"和"标志"，限定了路由范围并可以区分永久性地址和临时性地址，更有利于多播功能的实现。

■1.3.7 子网掩码

网上的两台设备在获取IP地址后，并不是直接通信的。首先需要判断两者是否在同一个网络或者网段中。如果在一个网络中，就可以直接通信；而如果不在同一个网络中，就需要路由设备根据两者所在的网络，按照路由表中的转发规则，计算并判断出最优路径，然后才转发出去。这里判断地址所在的网络就需要用到子网掩码了。

此外，随着互联网应用的不断扩大，原先的IPv4的弊端也逐渐暴露出来，即网络号占位太多，而主机号占位太少，因此能提供的主机地址就越来越稀缺。目前除了使用路由NAT技术使企业内部网络以私有地址的形式上网外，还可以通过对一个高类别的IP地址进行再划分，形成多个子网，提供给不同规模的用户群使用。对IP地址进行再划分就需要使用子网掩码了，而且这样做会使每个子网上的可用主机地址数目比原先有所减少。

1. 子网掩码格式

子网掩码，就是表示子网特征的一个参数。它在形式上等同于IP地址，也是一个32位二进制数字，它的网络地址部分全部为1，主机地址部分全部为0。例如，IP地址192.168.100.1，如果已知网络地址部分是前24位，主机地址部分是后8位，那么子网掩码就是11111111.11111111.11111111.00000000，转换成十进制就是255.255.255.0，如表1-2所示。有时也会用"IP/网络位位数"的格式，如192.168.1.100/24，表示有24位的网络位。

表1-2 子网掩码格式

		网 络 位			主 机 位
IP 地址	192.168.100.1	11000000	10101000	01100100	00000001
子网掩码	255.255.255.0	11111111	11111111	11111111	00000000

在计算子网掩码时，要注意IP地址中的特殊地址，即"0"地址和广播地址。它们是指主机地址或网络地址全为"0"或全为"1"时的IP地址，代表着本网络地址和广播地址，一般是不能被计算在内的。

2. 计算网络号

如果知道了IP地址和子网掩码，就可以计算出网络号。通过网络号是否一致，判断是否在同一网络中。

判断方法是将两个IP地址与子网掩码分别进行AND运算（两个数位都为1，运算结果为1，

否则为0），然后比较结果是否相同。如果结果相同，就表明它们在同一个子网络中，否则就不是

例如，已知B类地址为128.245.36.1，那么就可以计算它的网络号了。因为B类地址的子网掩码为255.255.0.0，将其转换成二进制并进行AND运算，如表1-3所示。

表1-3　B类地址子网掩码格式

		网 络 位			主 机 位
IP 地址	128.245.36.1	10000000	11110101	00100100	00000001
子网掩码	255.255.0.0	11111111	11111111	00000000	00000000
AND 运算	128.245.0.0	10000000	11110101	00000000	00000000

运算后得到的网络号转换为十进制后为：128.245.0.0。

以上为比较简单的案例，其他复杂的都可以按照此方法计算出网络号。

3. 按要求划分子网

在企业中，网络管理员有时需要对网络地址进行分配。如果获得的网络地址段需要按照部门进行划分，或者为了提高IP地址的使用率，可以通过使用人工设置子网掩码的方法，将一个网络划分成多个子网。

例如，公司提供了C类地址192.168.10.0/24，需要分给5个不同的部门使用，每个部门大约有30台计算机。那么该如何划定这5个部门的网络呢？

这里需要一个概念就是"借位"。因为有24位是网络位，仅有8位是主机位，若要分给5个部门使用，就需要在8位主机位中借出可供5个部门使用的网络号。因为$2^2=4$，$2^3=8$，所以就需要从8位主机位中借出3位作为网络位，这样剩下的5位主机位就可以分配给$2^5-2=30$台主机使用，恰好能满足要求。因此，该网络的网络号就变成24+3=27位，也就是有27位的网络号；子网掩码就是11111111. 11111111. 11111111. 11100000，即255.255.255.224。划分出的8个子网的格式与范围的信息，如表1-4所示。

表1-4　C类地址划分子网的格式与范围

	子	网		子网网络号	主机地址	广播地址
11000000	10101000	00001010	000 00000	192.168.10.0	1~30	31
11000000	10101000	00001010	001 00000	192.168.10.32	33~62	63
11000000	10101000	00001010	010 00000	192.168.10.64	65~94	95
11000000	10101000	00001010	011 00000	192.168.10.96	97~126	127
11000000	10101000	00001010	100 00000	192.168.10.128	129~158	159
11000000	10101000	00001010	101 00000	192.168.10.160	161~190	191
11000000	10101000	00001010	110 00000	192.168.10.192	193~222	223
11000000	10101000	00001010	111 00000	192.168.10.224	225~254	255

1.4 网络基础知识

在学习网络管理与维护知识前，需要掌握一些基础知识，了解一些专业术语的含义。下面介绍一些常见的网络基础知识。

1. 互联网、因特网与万维网的关系

其实用户常说的互联网、因特网和万维网，从技术角度来说并不一样。

互联网，简单来说，就是用TCP/IP协议将不同设备连接起来进行通信。该范围可大可小，小到两台设备彼此通信，也叫作互联网；大到世界范围级别的，就叫作因特网（Internet），也就是最大的互联网。

在互联网中有一类协议，叫作HTTP协议。通俗地说，HTTP协议就是用户使用浏览器访问网页或者网站服务器所使用的一种协议。在该协议及服务的基础上组成一种逻辑上的网络，叫作万维网。当然，因特网中还提供FTP、SMTP等服务，也使用其他的协议。

因此，从逻辑上来说，互联网包含因特网，而因特网又包含万维网。

2. 以太网

以太网并不是网络的一种，而是局域网中使用最多的一种技术。现在很多人用以太网代指局域网，这种说法并不严谨。局域网发展到现在，所使用的技术除了从经典以太网到交换式以太网外，其他还有很多。在后面的"局域网"基础知识章节中，将重点介绍以太网的相关知识。

3. 网关

网关是一种设备，多数指的是路由器。网关的位置一般在网络出口处，主要作用是帮助其所在的某个网络中所有需要访问外网或其他网络的设备进行数据的收发。网关有些类似小区门口的"菜鸟驿站"，收到用户包裹后，根据规则转发给上级，到达物流中心后再发送到全国。用户购买东西后，包裹也会寄到菜鸟驿站，然后转交给用户。

不指定网关，也可以在本地相同网络中（如192.168.1.0/24网络）的设备间进行数据传输，如在192.168.1.101/24和192.168.1.102/24网络设备之间传输数据。但如果要发送给其他网络中的设备，如192.168.2.1/24网络，则必须要指定网关的IP地址，再将数据包交给网关。

日常使用时，网关指的就是家庭或公司中使用的有线或无线路由器，IP地址一般为192.168.0.1/24或192.168.1.1/24。而互联网中的路由器，其网关一般被称为默认路由。通常将默认路由放在路由表的最后一条。路由器会按照路由表中的规则进行数据包的转发，如果没有，则会按照最后一条规则将数据交给默认路由，也就是这个路由器的网关。

4. 内网与外网

如果每个设备都有一个合规的IP地址，那么就不会存在内网与外网之分了。由于IPv4地址已分配完毕，很多设备如果想上网，就必须使用网关的NAT功能进行IP地址的转换。一般网关以内的叫作内网（内部网络），使用的是前面介绍的保留IP，也可称为私有IP。例如，分配192.168.1.0/24中的IP地址给内网中的计算机使用，办公室和家庭中的设备都可能使用该网段的IP地址。网关对外使用的合规的IP地址，称为外网（外部网络）IP。内网IP通过转换后，变成

外网IP+端口的方式，才能访问其他服务器或设备。外网返回的数据包，网关会根据映射关系返回给实际的设备，这样就可以正常通信了。

因此，一般内网代表局域网，外网也称为公网，在互联网上有正常IP地址的设备属于公网设备，如网页服务器等。

5. CDN服务器

CDN的全称是content delivery network，即内容分发网络。CDN是构建在现有网络基础之上的智能虚拟网络，依靠部署在各地的边缘服务器，通过中心平台的负载均衡、内容分发、调度等功能模块，使用户就近获取所需内容，降低网络拥塞，提高用户访问响应速度和命中率。CDN的关键技术主要有内容存储和分发。

通俗地讲，用户不是直接访问网站，而是通过网络技术手段访问网络分配的最优的缓存服务器。整个访问过程如图1-14所示。所以，CDN是一套完整的方案，目的就是让用户更加快速地访问网站的各种资源。现在大部分门户网站都应用了这种技术。

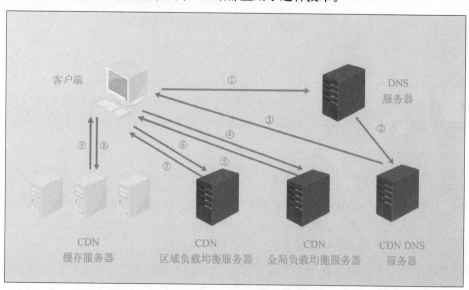

图 1-14   CDN 服务器访问过程

整个访问过程的访问及返回说明如下：

① 客户端在访问网页时，首先会通过DNS服务器进行域名解析。

② DNS服务器通过查询，将访问请求交给CDN DNS服务器进行解析。

③ CDN DNS服务器通过查询，将域名解析的CDN全局负载均衡服务器的IP地址交给客户端。

④ 客户端访问该域名对应的CDN全局负载均衡服务器，提出访问请求。

⑤ CDN全局负载均衡服务器根据规则，选出服务于该区域的CDN区域负载均衡服务器，将其IP地址返回客户端。

⑥ 客户端访问该区域的CDN区域负载均衡服务器。

⑦ CDN区域负载均衡服务器根据用户访问请求和各CDN缓存服务器的状态，将最适合的CDN缓存服务器的IP地址发送给客户端。

⑧ 客户端访问最合适的CDN缓存服务器。

⑨ CDN缓存服务器根据客户端的请求，将内容返回客户端。

此时客户端就可以看到所需要的页面了，因为之前的操作都是请求和响应，并不占用太多网络资源和服务器资源，所以确认CDN缓存服务器的时间极短。此外，因为选择了网络最优的CDN缓存服务器，所以页面传输加载也非常快，直接提高了访问速度。如果指定的CDN缓存服务器没有对应的内容，那么CDN缓存服务器会向上级请求，直至最终的网络服务器，然后会一级一级地缓存下来，并将访问内容返回客户端。

6. 网络拓扑图

网络拓扑图是指不考虑远近关系、线缆长度、设备大小等物理问题，仅通过简单的示意图形，绘制出整个网络所使用的设备、连接方式、布局和结构。根据这种拓扑图，可以对网络进行规划、设计、分析，方便交流和排错。学习及研究网络，必须要能看懂并会画网络拓扑图。

拓展阅读

把数字产业化作为推动经济高质量发展的重要驱动力量，加快培育信息技术产业生态，推动数字技术成果转化应用，推动数字产业能级跃升，支持网信企业发展壮大，打造具有国际竞争力的数字产业集群。

——《"十四五"国家信息化规划》

学习体会

课后作业

一、单选题

1.以下属于局域网技术的是（　　　）。

A. 以太网　　　　　　　　　　　B. 万维网

C. 城域网　　　　　　　　　　　D. 互联网

2.以下属于可以在因特网中使用的IP地址是（　　　）。

A. 192.168.1.2　　　　　　　　 B. 10.2.2.2

C. 169.254.2.3　　　　　　　　 D. 180.100.37.4

二、多选题

1.按照网络分布距离、覆盖范围进行划分，网络可以分为（　　　）。

A. 局域网　　　　　　　　　　　B. 以太网

C. 城域网　　　　　　　　　　　D. 广域网

2.属于TCP/IP参考模型的分层有（　　　）。

A. 网络接口层　　　　　　　　　B. 网络层

C. 传输层　　　　　　　　　　　D. 表示层

3.以下属于私有地址的是（　　　）。

A. 10.1.2.3　　　　　　　　　　B. 172.16.100.1

C. 192.160.3.5　　　　　　　　 D. 192.168.3.5

三、简答题

1.简述计算机发展的4个阶段及其特色。

2.简述OSI七层模型中各层的功能。

3.简述IP地址的分类及地址范围。

第2章
局域网基础知识

📖 内容概要

　　局域网是最常见的网络类型，应用范围非常广泛，如家庭、小型企业、商场、书店、咖啡厅等。本章将向读者着重介绍局域网的基础知识，为以后的网络管理和网络维护打下基础。

💡 知识要点

　　局域网的组成。
　　局域网的分类。
　　局域网常见的传输介质。
　　局域网常见网络设备及作用。
　　局域网常用操作系统。

2.1 局域网简介

局域网（local area network，LAN），是指有限区域（如家庭、办公室、某楼层等）内的多台计算机和各种智能终端设备通过共享的传输介质互连所组成的封闭网络。局域网的地理范围一般在方圆几千米以内，在局域网中可以实现共享上网、文件管理、应用软件共享、打印机共享、文件传输等功能。共享的互连介质通常是电缆及光缆（如双绞线、同轴电缆、光纤等），也可以是红外信号、无线电波等无线传输介质。

■2.1.1 局域网的组成

局域网一般由硬件和软件共同组成，主要包括以下几类。

1. 网络通信设备

根据规模和实现功能的不同，局域网需要配备不同的网络设备，其中经常使用的包括网卡、交换机等。为了连接外网，也会配备路由器（如图2-1所示）、调制解调器等。在传输介质上，通常有同轴电缆、双绞线（如图2-2所示）、光纤等。由于无线网络的广泛应用，局域网中也包含很多无线设备。

图 2-1　路由器

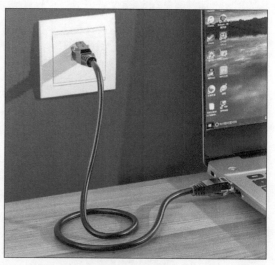

图 2-2　双绞线

2. 网络终端设备

终端设备可以通过网络进行通信或提供服务，一般包含使用网线的有线终端设备和使用无线网络的无线终端设备，具体有计算机、网络打印机、智能手机、智能家电、智能安防设备等，如图2-3所示为监控设备。

3. 网络服务器

对于公司、企业和需求较高的家庭用户，通常会在局域网中放置一些提供特殊服务功能的设备，也就是服务器。如需要提供网页服务，可以在一台专用或者定制的服务器中安装网页服务软件，发布后，局域网中的其他机器可以使用域名或IP地址访问该网站。类似的还有用于文件传输及共享的FTP服务器，用于专门存放数据的数据库服务器，共享打印机使用的打印服务器，用于管理局域网的AD（active directory，活动目录）及域名服务器，用户邮件收发的邮件服务器等。现在很多局域网都配备网络附接存储（network attached storage，NAS）服务器，如图2-4所示，用于实现本地或远程存储与访问、远程下载、远程管理等功能。

图 2-3 监控设备

图 2-4 网络附接存储服务器

4. 网络软件及通信协议

局域网中除了硬件以外，还有运行在硬件上的操作系统、协议等软件，如服务器中经常使用的Windows Server操作系统，如图2-5所示，或者Linux系统等。一般网络设备中的系统是厂家自行研发或者是适配的专用操作系统，如图2-6所示。

通信协议指的是网络中通信各方事先约定好的通信规则，可以简单地理解为各终端设备之间进行相互对话所使用的通用语言。两台计算机之所以能够通信，就是因为使用了相同的协议。局域网中最常用的协议就是TCP/IP协议。

图 2-5 Windows Server 操作系统

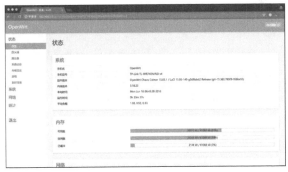

图 2-6 网络设备专用系统

■2.1.2 局域网的分类

根据不同的标准，局域网的分类方式有很多种。下面介绍几种不同的局域网分类及其特点。

1. 按照拓扑进行分类

根据局域网中网络设备组成的逻辑结构，即局域网的拓扑，可以将局域网分为总线型拓扑、环形拓扑、星形拓扑和树形拓扑等几种类型的网络。

（1）总线型拓扑网络

总线型拓扑网络采用单根传输线作为传输介质，所有的站点都直接连接到传输介质（又称总线）上，并使用一定长度的电缆将设备连接在一起，如图2-7所示。在这种网络中，可以在不影响系统中其他设备工作的情况下，将设备从总线中取下。总线型拓扑网络采用广播方式进行通信，工作时只能有一个节点通过总线发送传输信息，此时其他所有节点都不能发送信息，但都将收到总线中发送的该信息，然后判断发送地址是否与接收地址匹配，若匹配则接收该信息，不匹配则丢弃。

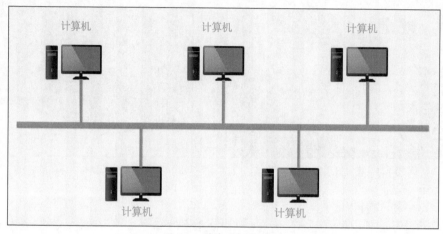

图 2-7　总线型拓扑网络

总线型拓扑网络的优点：局域网不需要另外的互连设备，直接通过一条总线进行连接，所以组网费用较低；电缆长度短，易于布线和维护；结构简单，从硬件的角度看，十分可靠。

总线型拓扑网络的缺点：总线型拓扑网络不是集中控制的，所以故障检测需要在网络中的各个节点上进行；传输速度会随着接入网络的用户数量的增多而下降；虽然单个节点失效不影响整个网络的正常通信，但如果总线一断，整个网络或者主干网段就断了，并且查找故障点也比较困难。

总线型拓扑是一种比较简单的计算机网络结构，曾经在局域网中有过广泛应用，但随着双绞线和星形结构的普及，目前局域网中已经很少使用总线型拓扑结构。

（2）环形拓扑网络

环形拓扑由连接成封闭回路的网络节点组成，每一个节点与它左右相邻的节点连接，如图2-8所示。环形拓扑网络的一个典型代表是令牌环（token ring）局域网。在令牌环网络中，拥有"令牌"的设备允许在网络中传输数据，这样可以保证在同一时间内网络中只有一台设备可以传送信息。在环形网络中信息流只能是单方向的，每个收到信息包的节点都向它的下游节点转发该信息包。信息包在环网中"旅行"一圈，最后由发送节点进行回收。一般情况下，环的两端是通过一个阻抗匹配器实现环的封闭的，因为在实际组网过程中，由于地理位置的限制，不方便真正做到环的两端物理连接。

环形拓扑网络主要有如下特点：

● 仅适用于IEEE 802.5的令牌环网，所用的传输介质一般是同轴电缆。

● 实现这种网络非常简单，投资最小。

- **维护困难**：一方面，整个网络各节点间直接串联，任何一个节点出了故障都会造成整个网络的中断、瘫痪，维护起来非常不便；另一方面，因为同轴电缆所采用的是插针式的接触方式，非常容易造成接触不良，导致网络中断，查找起来也非常困难。
- **扩展性能差**：因为环形结构决定了它的扩展性能远不如星形结构好，如果要添加或移动节点，就必须中断整个网络，然后再在环的两端做好连接器才能连接。

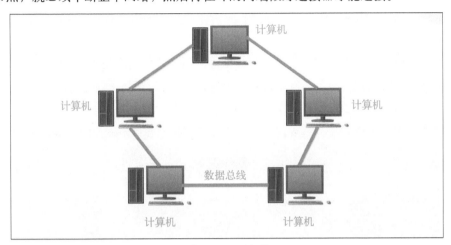

图 2-8　环形拓扑

（3）星形拓扑网络

星形拓扑由中心节点和其他从节点组成，中心节点可直接与从节点通信，而从节点间必须通过中心节点才能通信，中心节点执行集中式通信控制策略，如图2-9所示。在星形拓扑网络中，通常由集线设备或交换机充当中心节点，因此网络中的计算机之间是通过集线器或交换机实现相互通信的。星形拓扑网络是目前局域网最常见的组网方式。

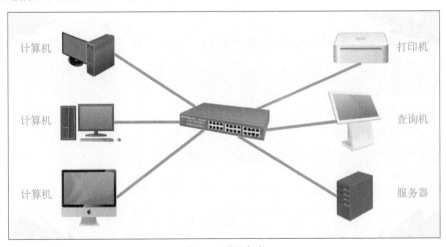

图 2-9　星形拓扑

星形拓扑网络有以下优点：

- **容易实现**：星形拓扑结构联网容易，一般采用通用的双绞线，传输介质也比较便宜。
- **节点扩展、移动方便**：节点扩展时只需要从集线器或交换机等集线设备中拉一条网线即可，而要移动一个节点时，只需把相应节点设备移到新节点即可。

● **维护容易**：一个节点出现故障不会影响其他节点的连接，并可任意拆走故障节点。

星形拓扑网络的缺点也比较明显，即整个网络对中心节点的依赖性很高。如果中心节点发生故障，整个网络将瘫痪，另外，由于每个节点直接与中心节点连接，实施时所需要的电缆长度较长。

星形拓扑被广泛应用于一般家庭网和小型公司的网络。目前，很多家庭网虽然采用了无线技术，但仅仅是将传输介质由电缆换成了电磁信号，本质上仍然是星形拓扑网络。

（4）树形拓扑网络

树形拓扑是分级的集中控制式结构，在小型局域网系统中使用较少，但在大中型企业构建其大型局域网时，经常把多级星形网络按层次方式排列，从而形成树形网络结构。这种拓扑非常适合分主次、分等级的层次型管理系统使用。图2-10展示的是一个树形拓扑网络，其中，网络的最高层是三层交换机或者路由器，最底层是终端，其他各层使用交换机等网络设备。

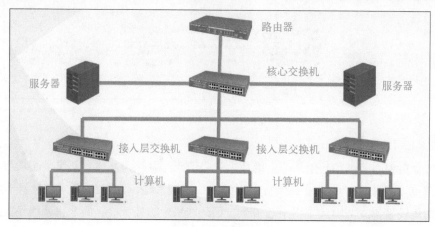

图 2-10　树形拓扑网络

与星形拓扑网络相比，树形拓扑网络的通信线路总长度较短，成本较低，节点易于扩充，寻找路径比较方便。树形拓扑网络中任意两个节点之间不会产生回路，每个链路都支持双向传输。如果这种网络中某网络设备发生故障，那么该网络设备下连接的终端将不能正常连网。

树形拓扑一般应用于大中型公司或企业。通常，大中型公司或企业会配备专业的网络管理与维护人员，对网络和设备本身有一定保障；在网络中还会采取一些冗余备份措施，出现故障后，可以人工快速排查处理。另外，有的设备本身就支持负载均衡和冗余备份，一旦出现问题，可以自动启动应急机制，网络的安全性和稳定性也是比较高的。

2. 按照技术标准进行分类

目前大多数局域网采用的是以太网（Ethernet）技术。在网络发展的早期或因各行各业不同的行业特点，所采用的局域网技术也不一定都是以太网。除了以太网外，采用其他技术的局域网还有：令牌环（token ring）网、光纤分布式数据接口（fiber distributed data interface，FDDI）网、异步传送模式（asynchronous transfer mode，ATM）网、无线局域网（wireless local area network，WLAN）等几类。

（1）以太网（Ethernet）

以太网是目前应用最为广泛、最为成熟的网络类型，包括标准以太网（10 Mbit/s）、快速以太网（100 Mbit/s）、千兆以太网（1 000 Mbit/s）和万兆以太网（10 Gbit/s），它们都符合IEEE 802.3系列标准规范。

- **标准以太网**：最开始以太网只有10 Mbit/s的吞吐量，它所使用的是带冲突检测的载波监听多路访问（carrier sense multiple access with collision detection，CSMA/CD）的访问控制方法。最常见的4种类型为10Base5、10Base2、10Base-T、10Base-F，传输介质为粗缆、细缆、双绞线和光纤。

- **快速以太网**：快速以太网执行的是以太网的扩展标准，保留传统以太网的所有特征，传输速率可以达到100 Mbit/s。快速以太网主要有两种类型，即100Base-T和100Base-VG，快速以太网可以使用的传输介质为光纤和5类非屏蔽双绞线。

- **千兆以太网**：千兆以太网与快速以太网采用同样的CSMA/CD介质访问控制方法，同样的帧格式，但传输速率可达1 Gbit/s，并向下兼容现有的10 Mbit/s以太网和100 Mbit/s快速以太网，可以使用的传输介质为光纤和5类以上非屏蔽双绞线。

- **万兆以太网**：仍使用与10 Mbit/s和100 Mbit/s以太网相同的访问控制方法，允许直接升级到高速网络；同样使用IEEE 802.3标准的帧格式、全双工业务和流量控制方式。

（2）令牌环（token ring）网

令牌环网是IBM公司于20世纪70年代建立起来的，现在这种网络已很少见。在老式的令牌环网中，数据传输速度为4 Mbit/s或16 Mbit/s，新型的快速令牌环网速度可达100 Mbit/s。令牌环网的传输方法在物理上采用了星形拓扑，但逻辑上仍是环形拓扑结构。由于目前以太网技术发展迅速，令牌环网存在固有缺点，以致在整个计算机局域网中已不多见。

（3）光纤分布式数据接口（FDDI）网

光纤分布式数据接口（FDDI）标准是由美国国家标准协会建立的一套标准，它使用基本令牌的环形体系结构，以光纤为传输介质，传输速率可达100 Mbit/s，主要用于高速网络主干，能够满足高频宽信息的传输需求。

FDDI网的特点：传输介质采用光纤，抗干扰性和保密性好；为备份和容错，一般采用双环结构，可靠性高；环的最大长度为100 km，适用性广；具有大型的包规模和较低的差错率，能够满足宽带应用的要求；但造价太高，主要应用于大型网络的主干网中。

（4）异步传送模式（ATM）网

ATM是一种高速分组交换技术，中文名为"异步传送模式"。ATM的基本数据传输单元是信元。在ATM交换方式中，文本、语音、视频等数据被分解成长度固定的信元，信元由一个5字节的信头和一个48字节的信息段（也称净荷）组成，长度为53个字节。

ATM网的优点：ATM网的用户可以独享全部频宽，即使网络中增加计算机的数量，传输速率也不会降低；由于ATM数据被分成等长的信元，能够比传统的数据包交换更容易达到较高的传输速率；能够同时满足数据及语音、影像等多媒体数据的传输需求；可以同时应用于广域网和局域网中，无须选择路由，大大提高了广域网的传输速率。

（5）无线局域网（WLAN）

无线局域网是目前最新、也是最为热门的一种局域网，特别是自英特尔公司推出首款自带无线网络模块的迅驰笔记本处理器以来更是发展迅速。无线局域网与传统局域网的主要不同之处就是传输介质不同，传统局域网都是通过有形的传输介质进行连接的，如同轴电缆、双绞线和光纤等，而无线局域网则是以无线电波为传输介质的。它摆脱了有形传输介质的束缚，所以这种局域网的最大特点就是自由，只要在网络的覆盖范围内，就可以在任何一个地方与服务器及其他工作站连接，而不需要重新铺设电缆。这一特点非常适合移动办公一族，如在机场、宾馆、酒店等场所，只要无线网络能够覆盖到，就可以随时随地连接上无线网络。

无线局域网采用802.11系列标准，它也是由IEEE 802标准委员会制定的。目前这一系列标准主要有：802.11b（ISM 2.4 GHz）、802.11a（5 GHz）、802.11g（ISM 2.4 GHz）、802.11n（2.4/5 GHz、600 Mbit/s）、802.11ac（5 GHz、3.2 Gbit/s）、802.11ax（Wi-Fi6）。

3. 按照网络控制方式分类

按照网络控制方式，可以将网络分为集中式网络和分布式网络两种。

（1）集中式计算机网络

这种网络处理的控制功能高度集中在一个或少数几个节点上，所有的信息流都必须经过这些节点之一。因此，这些节点是网络处理的控制中心，而其余的大多数节点只有较少的处理控制功能。星形网络和树形网络都是典型的集中式网络。

（2）分布式计算机网络

在这种网络中，不存在处理的控制中心，网络中的任意一个节点都至少和另外两个节点相连接，信息从一个节点到达另一个节点时，可能有多条路径。同时，网络中的各个节点均以平等地位相互协调工作和交换信息，并可共同完成一项大型任务。分组交换、网状网络都属于分布式网络。这种网络具有信息处理的分布性、高可靠性、可扩充性及灵活性等一系列优点，因此，它是网络的发展方向。

目前，大多数广域网中的主干网都采用分布式的控制方式，并采用较高的通信速率，以提高网络性能；而大量的非主干网，绝大多数是局域网，则仍采取集中式控制方式。

4. 按照应用结构分类

按照应用结构进行分类，局域网可以分为对等网络和基于服务器的网络。

（1）对等网络

对等网络（peer to peer）一般采用星形拓扑，最简单的对等网络就是使用双绞线直接相连的两台计算机，常常被称作工作组。在对等网络结构中，每一个节点之间的地位对等，没有专用的服务器，在需要的情况下，每一个节点既可以起客户机的作用，也可以起服务器的作用。这与客户机/服务器（C/S）模式是不同的。

对等网络不需要专门的服务器来支持网络，因而对等网络的价格相对其他模式的网络来说要便宜很多。对等网络还可以共享文件和网络打印机。对等网络的这些特点使得它在家庭、宿舍或者其他小型网络中应用得很广泛。

对等网络组建和维护容易，费用较少；不需要使用基于服务器的专用操作系统；对等网络具有更大的容错性，任何计算机发生故障时只会使该计算机拥有的网络资源不可用，而不会影响其他计算机；但是对等网络在安全性、性能和管理方面存在较大的局限性。

（2）基于服务器的网络

在基于服务器的网络中，共享资源通常被合并到一台高性能的计算机中，这台计算机被称为服务器。通常有两种基于服务器的网络结构，即专有服务器结构和客户机/服务器结构。

专有服务器结构又被称为工作站/文件服务器结构，其特点是网络中至少有一台专用的文件服务器，所有的工作站通过通信线路与一台或多台文件服务器相连，工作站之间无法直接通信。文件服务器通常以共享磁盘文件为主要目的。

客户机/服务器结构克服了专有服务器结构的弱点，采用一台或者几台性能较高的计算机（服务器）进行共享数据的管理，而将其他的应用处理工作分散到网络上的其他主机（客户机）上去完成，从而构成分布式处理系统。客户机不仅可以和服务器进行通信，而且客户机之间可以不通过服务器直接对话。

基于服务器的网络比对等网络更加安全，用户使用起来也更加轻松。所有的账户和口令都集中管理，用户通过一次身份认证即可访问网络中所有对其开放的资源；资源集中存放和管理，方便用户快速查找资源。但是基于服务器的网络需要增加性能较好的服务器，组网和运行成本较高；服务器一旦出现故障，将影响整个网络的正常运行。

基于服务器的网络通常应用在大型的组织中，但网络结构的选择并不完全取决于网络的规模，而取决于实际的需要。

5. 按照通信协议分类

通信协议是通信双方共同遵守的规则或约定，不同的网络采用不同的通信协议。例如，以太网采用CSMA/CD协议，令牌环网采用令牌环协议，分组交换网采用X.25协议，因特网采用TCP/IP协议。

2.2 常见的局域网传输介质

局域网设备间的传输需要使用各种介质，主要分为有线介质和无线介质。有线介质包括常见的双绞线、光纤、同轴电缆，无线介质包括无线电波。下面介绍常见的局域网传输介质。

■2.2.1 双绞线

虽然现在无线功能已经在一定程度上取代了有线功能，但是作为公司及企业局域网来说，线缆仍然是主要的数据传输介质。有线的特点是快速、稳定。常见的线材是双绞线和光纤，首先介绍双绞线的相关知识。

1. 双绞线

双绞线也就是俗称的网线，是一种价格相对低廉、性能优良的传输介质，在综合布线系统中被广泛使用。双绞线一般由两根绝缘铜导线相互缠绕而成，"双绞线"的名字也由此而来。在剥开双绞线后，会发现双绞线由4对（8根）不同颜色的线缆组成，而每根线缆都由有绝缘保护层的铜导线组成，如图2-11所示。把两根绝缘的铜导线按一定密度互相绞在一起，不仅可以抵御一部分来自外界的电磁波干扰，而且每一根导线在传输中发出的电波会被另一根导线上发出的电波抵消，可有效降低信号干扰的程度。

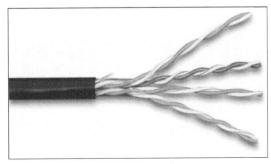

图 2-11   双绞线

2. 屏蔽与非屏蔽双绞线

双绞线按照不同标准有不同分类，在设计网络时，需要根据网速需求、网络设备、预算等情况选择符合要求的双绞线。根据有无屏蔽层，双绞线可分为屏蔽双绞线（shielded twisted pair，STP）与非屏蔽双绞线（unshielded twisted pair，UTP），如图2-12和图2-13所示。

图 2-12　屏蔽双绞线

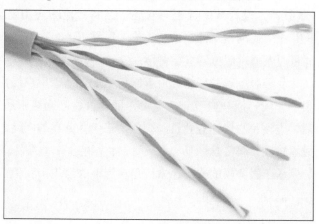

图 2-13　非屏蔽双绞线

（1）屏蔽双绞线

屏蔽双绞线是指在双绞线外有金属层缠绕，在几对双绞线的外层有铜编织网用作屏蔽，在最外层有一层具有保护性的聚乙烯材料。根据屏蔽方式的不同，屏蔽双绞线分为STP和FTP（foil twisted pair，箔片双绞线），STP指每条线都有各自的屏蔽层；而FTP只在整个电缆有屏蔽装置，并且电缆两端都正确接地时才起作用，所以要求整个系统是屏蔽器件，包括电缆、信息点、水晶头和配线架等，同时建筑物需要有良好的接地系统。屏蔽层可减少辐射，防止信息被窃听，也可阻止外部电磁干扰，这使得屏蔽双绞线比同类的非屏蔽双绞线具有更高的传输速率和更低的误码率。但屏蔽双绞线的价格较贵，安装也比非屏蔽双绞线困难，通常用于电磁干扰严重或对传输质量和速度要求较高的场合。现在比较常见的是铝箔屏蔽、金属编织网屏蔽和双屏蔽，一般在室外使用。

（2）非屏蔽双绞线

屏蔽双绞线去掉屏蔽层就是非屏蔽双绞线。非屏蔽双绞线广泛用于以太网和电话线中。非屏蔽双绞线抗干扰能力差，误码率相对较高。但非屏蔽双绞线电缆也具有以下优点：

- 无屏蔽外套，直径小，节省空间，成本低。
- 质量轻，易弯曲，易安装。
- 将串扰减至最小或加以消除。
- 具有阻燃性。
- 具有独立性和灵活性，适用于结构化综合布线。

因此，在室内综合布线系统中，非屏蔽双绞线得到广泛应用。

3. 双绞线的分级与特性

电信工业联盟/电子工业联盟（EIA/TIA）按双绞线的电气特性为其进行了分级，级别越高，电气性能越好，越适合用于网速更快的网络。现在即便是家庭网，也开始普及1 000 Mbit/s

传输速度的路由器。为了将整体网速发挥到最快，网线的选择也需要与之匹配。

双绞线从一类发展到八类，其中一类到五类已经基本被淘汰了，现在使用的双绞线都是从超五类开始的。

（1）超五类双绞线（CAT5E）

超五类双绞线，如图2-14所示，是现在使用较多、性价比较高的线缆，传输频率为100 MHz，带宽为100 Mbit/s，在质量很好、长度不长的情况下，可以达到1 000 Mbit/s的水平。超五类双绞线的铜芯直径为0.45 mm～0.51 mm，与五类双绞线相比，具有衰减小、串扰少、时延误差更小等优势。超五类双绞线也分为屏蔽和非屏蔽两种，使用最多的是非屏蔽超五类双绞线。

因为超五类双绞线具有很高的性价比，所以普遍应用在家庭、公司局域网的组建中。但随着六类及以上线缆价格的降低，加上大文件传输、高带宽需求的局域网应用越来越多地出现，包括家庭局域网在内，局域网使用的双绞线正在从超五类向六类及以上的标准过渡。在这里建议组建家庭局域网时，尽量选择六类及以上的双绞线。

超五类双绞线的外皮上会有"CAT-5E"的标志，如图2-15所示，使用时请注意分辨。

图 2-14　超五类双绞线

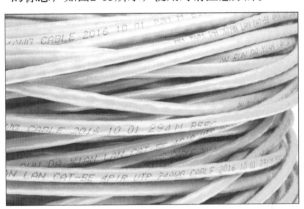

图 2-15　超五类双绞线外皮

（2）六类双绞线（CAT6）

该类双绞线的传输频率为1 MHz～250 MHz，能提供两倍于超五类的带宽，铜芯标准为0.56 mm～0.58 mm。六类双绞线的传输性能远远高于超五类标准，最适合传输速率高于1 Gbit/s的应用。六类双绞线与超五类双绞线的一个重要的不同点在于：改善了在串扰和回波损耗方面的性能。对于新一代全双工的高速网络应用而言，优良的回波损耗性能是极重要的。六类标准中取消了基本链路模型，布线标准采用星形拓扑结构，要求的布线距离为：永久链路的长度不能超过90 m，信道长度不能超过100 m。另外，六类双绞线和五类双绞线的内部结构不同，六类双绞线的内部结构增加了十字骨架，将双绞线的4对线缆分别置于十字骨架的4个凹槽内，解决了六类传输中常见的"串扰"问题，如图2-16所示。因为线缆的芯径过大，所以常采用交叉排列的方法，置于六类分体式水晶头中，如图2-17所示。这种水晶头比超五类水晶头的制作难度稍大。

图 2-16　六类双绞线

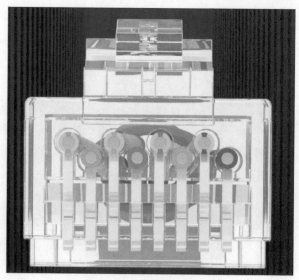

图 2-17　六类分体式水晶头

（3）超六类双绞线（CAT6A）

超六类双绞线是六类双绞线的增强版，传输频率为500 MHz，最大传输速度为10 000 Mbit/s（万兆，10 Gbit/s），分为屏蔽与非屏蔽，主要应用在大型企业的主干线路中，通常标记为"CAT6A"。

（4）七类双绞线（CAT7）

七类双绞线的传输频率为600 MHz，最大传输速度为10 Gbit/s，单线标准外径为8 mm，多芯线标准外径为6 mm。从七类双绞线开始，只有屏蔽而无非屏蔽了。七类双绞线的传输频率为1 000 MHz，速度可达10 Gbit/s，最远距离仍为100 m，主要应用于特殊的需要高速带宽的环境，如各机房和数据中心等。

（5）八类双绞线（CAT8）

八类双绞线的频率可达2 000 Mbit/s，根据标准的不同，传输带宽分别为25 Gbit/s和40 Gbit/s，如果要达到40 Gbit/s，最长距离只能到30 m。目前八类双绞线的应用并不广泛，但是随着网络的发展，网络布线对传输性能的要求不断增高，八类双绞线会逐渐成为数据中心综合布线系统中的主流产品。

从超六类双绞线开始，建议用户购买成品跳线或者使用免打水晶头制作接头。因为线开始变粗后，水晶头的结构发生了变化，定位、压制都非常困难，导致最终的良品率也急剧降低，所以从成本考虑，建议使用免打水晶头。

免打水晶头需要按照标签将网线按对应的序号接入到模块中，再将模块置入免打水晶头中，盖上盖子压紧后就可以使用了。这种免打水晶头简单方便，美观漂亮，如图2-18所示。

穿孔式水晶头（如图2-19所示）主要应用在超五类及六类线中，需要防止线序错误、未顶到水晶头底部造成接触不良等情况。在六类线的穿孔中，因为线的排列是上下的，所以需要特别注意。

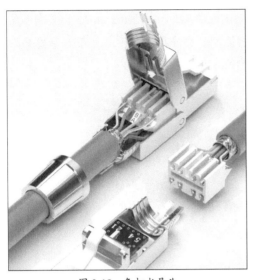

图 2-18 免打水晶头

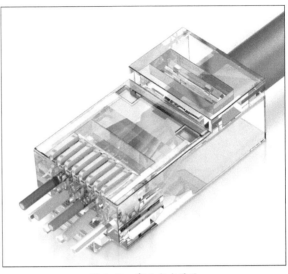

图 2-19 穿孔式水晶头

4. 双绞线的线序

由于TIA（美国通信工业协会）和ISO两个组织经常进行标准制订方面的协调，所以以TIA和ISO颁布的标准差别不是很大。在北美乃至全球，双绞线标准中应用最广的是ANSI/EIA/TIA-568A（简称为T568A）和ANSI/EIA/TIA-568B（实际上应为ANSI/EIA/TIA-568B.1，简称为T568B）。这两个标准的主要差异在于芯线序列的不同，如图2-20所示。

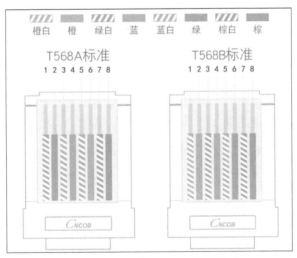

图 2-20 T568A 与 T568B 的芯线线序

其中，T568A的线序为绿白-绿-橙白-蓝-蓝白-橙-棕白-棕，T568B的线序为橙白-橙-绿白-蓝-蓝白-绿-棕白-棕。现在最常使用的线序就是T568B，其实将T568A的1和3、2和6号线互换，就变成了T568B。

■2.2.2 光纤

光纤是光导纤维的缩写，是一种由玻璃或塑料制成的纤维，可作为光传导工具，如图2-21所示。光纤的传输原理是"光的全反射"。光纤由两层折射率不同的玻璃材料构成，内层为光内芯，即纤芯，直径在几微米至几十微米；外层即包层，直径为0.1 mm～0.2 mm。一般内芯玻璃的折射率比外层玻璃大1%。根据光的折射和全反射原理，当光线射到内芯并与外层界面的角度大于产生全反射的临界角时，光线透不过界面，全部反射。

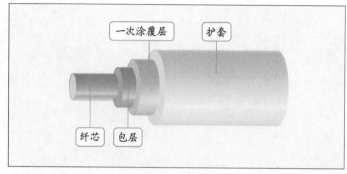

图 2-21　光纤

光纤由纤芯、包层、一次涂覆层和护套构成。

- **纤芯**：为折射率较高的玻璃材质，直径在5 μm～75 μm。
- **包层**：为折射率较低的玻璃材质，直径为0.1 mm～0.2 mm，是实现光线全反射的主要结构层。
- **一次涂覆层**：在光纤表面涂的一种材质，厚度一般为30 μm～150 μm；主要用来保护光纤表面不受潮湿气体侵蚀和外力擦伤，赋予光纤抗微弯性能，并降低光纤的微弯附加损耗。
- **护套**：用于保护光纤。

纤芯、包层和一次涂覆层构成了裸纤。在一次涂覆层上，可以加入缓冲层及二次被覆。二次被覆可提高光纤抗纵向和径向应力的能力，方便光纤加工，一般分为松套被覆和紧套被覆两大类。利用紧套被覆制作的紧套光纤，外径标称通常为0.6 mm和0.9 mm两种，是制造各种室内光缆的基本元件，也可单独使用。二次被覆各种材料的紧套光纤可直接用来制作尾纤，以及各种跳线，以连接各类光有源或无源器件、仪表和终端设备等。一定数量的光纤按照一定的防护标准组成缆芯，加上外层护套和保护层，就被称作光缆。

1. 光纤的优势

相对于双绞线来说，使用光纤传输数据具有如下优势：

- **容量大**：频带的宽窄代表传输容量的大小，载波的频率越高，可以传输信号的频带宽度就越大。光纤的工作频率比电缆的工作频率高出8～9个数量级，目前单个光源的带宽只占了其中很小的一部分（多模光纤的频带约几百兆赫，好的单模光纤的频带可达10 GHz以上）。
- **损耗低**：相较于同轴电缆，光纤传播数据的功率损耗要小一个数量级以上，因此能传输的距离要远得多，而且其损耗几乎不随温度而变，不用担心因环境温度变化而造成干线电平的波动。
- **直径小、质量轻**：单模光纤的芯线直径一般为4 μm～10 μm，外径也只有125 μm，加上防水层、加强筋、护套等，用4～48根光纤组成的光缆，其直径还不到13 mm，比标准同轴电缆的47 mm直径要小得多，加上光纤是玻璃纤维，具有直径小、质量轻的特点，安装十分方便。

- **抗干扰能力强**：光纤的基本成分是石英，只传光，不导电，不受强电、电气信号、雷电等干扰，在其中传输的光信号不受电磁场的影响，故光纤传输对电磁干扰、工业干扰有很强的抵御能力。也正因为如此，在光纤中传输的信号不易被窃听，有利于保密。

- **环保节能**：一般通信电缆要耗用大量的铜、铅或铝等有色金属。光纤本身是非金属，可以节约大量有色金属资源。

- **工作性能可靠**：一个系统的可靠性与组成该系统的设备数量有关。设备越多，发生故障的机率越大。因为光纤系统包含的设备数量少，可靠性自然也就高，加上光纤设备的寿命都很长，无故障工作时间高达50万～75万小时，其中寿命最短的是光发射机中的激光器，最低寿命也在10万小时以上。

- **成本不断下降**：由于制作光纤的材料（石英或塑料）来源十分丰富，随着技术的进步，成本还会进一步降低；而电缆所需的铜原料有限，价格会越来越高。

2. 单模光纤与多模光纤

根据光纤中光的传播模式，可以将光纤分为单模光纤与多模光纤。

在工作波长中，只能传输一个传播模式的光纤，通常简称为单模光纤（single-mode optical fiber，SMF），单模光纤的纤芯小于10 μm，通常使用的光波长为1 310 nm或者1 550 nm。单模光纤的外护套一般为黄色，连接头一般为蓝色或绿色。

将光纤按工作波长以多个模式传播的光纤称作多模光纤（multi-mode optical fiber，MMF）。多模光纤的纤芯直径为50 μm，光在其中按波浪形传播，传输模式可达几百个。多模光纤使用的光波长为850 nm或1 310 nm。多模光纤的外护套一般为橙色，万兆为水蓝色，连接头多为灰白色。

单模光纤用于高速、长距离的数据传输，损耗极小，而且非常高效；但需要激光源，成本较高。相比较来说，多模光纤适合短距离、速度要求相对低些的情况，成本较低；多模光纤聚光性好，但耗散较大。

3. 光纤的接口

现在常见的光纤接口主要包括以下几种。

（1）SC型接口

SC型接口即标准方型接口，如图2-22所示，具有耐高温、不容易氧化的优点。接口采用插拔销闩式的紧固方式，不需要旋转，插拔操作很方便，而且介入损耗波动较小。该接口还具有抗压强、安装密度高等优点。这种接口在光纤收发器中较为常见。

（2）LC型接口

LC型接口即小方头接口，如图2-23所示，主要用在光纤跳线中，适合高密度连接。接口采用模块化插孔闩锁的固定方式。

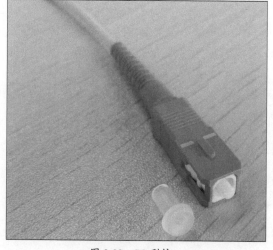

图 2-22 SC 型接口

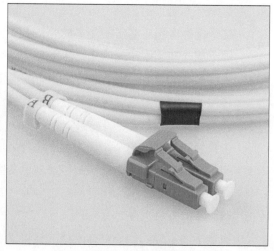

图 2-23 LC 型接口

（3）FC型接口

FC型接口采用螺丝扣紧固方式，如图2-24所示，较为牢固，一般用在光纤配线架等不需要经常插拔的场合。

（4）ST型接口

ST型接口即卡接式接口，如图2-25所示，接口外壳呈圆形，紧固方式为螺丝扣。

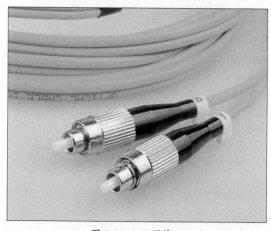

图 2-24 FC 型接口

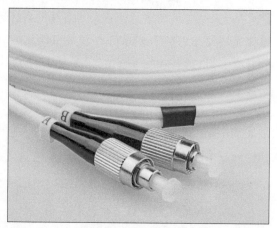

图 2-25 ST 型接口

4. 光纤的冷接和热熔

冷接和热熔是光纤两种主要的连接方法。

（1）光纤冷接

光纤冷接是一种新型的光纤连接方式，它采用了先进的技术，可以在不使用热源的情况下将两根光纤连接起来。光纤冷接子是实现光纤冷接的一种工具，如图2-26所示。光纤冷接子是两根尾纤对接时使用的，它内部的主要部件就是一个精密的V型槽，在两根尾纤拨纤之后利用冷接子来实现两根尾纤的对接。使用冷接子操作起来更简单快速，比用熔接机熔接省时间。除了冷接子外，还有连接两根光纤的对接子，如图2-27所示。

光纤冷接的特点如下：

- 不需要太多设备，只要有光纤切刀即可，但每个接点需要一个快速连接器。
- 优点是便于操作，适合野外作业。
- 缺点是损失偏大，每个点约损失0.1～0.2 dB。

目前国内可以直接生产冷接子的厂家较少，成本较高，在商务和技术服务上没有可供选择的余地；其次，冷接子中使用匹配液，因使用少，时间短，存在一定的老化问题。

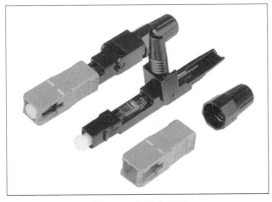

图2-26 光纤冷接子

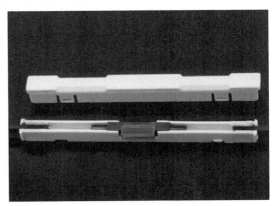

图2-27 对接子

（2）光纤热熔

光纤热熔是一项细致的工作，特别是在端面制备、熔接、盘纤等环节，要求操作者仔细观察、周密考虑、规范操作。

光在光纤中传输时会产生损耗，这种损耗主要来自光纤自身的传输损耗和光纤接口处的熔接损耗。光缆一经定购，其光纤自身的传输损耗也基本确定，而光纤接口处的熔接损耗则与光纤本身及现场施工有关。努力降低光纤接口处的熔接损耗，可增大光纤中继、放大传输距离和提高光纤链路的衰减裕量。

光纤热熔的特点如下：

- 需要使用熔接机和光纤切刀，将两根光纤接起来，不需要其他辅助材料。
- 优点是质量稳定，接续损耗小（约0.03～0.05 dB）。
- 缺点是设备成本过高，设备的储电能力有限，野外作业受限制。

2.2.3 同轴电缆

同轴电缆最早用于局域网，即总线型网络中。同轴电缆本身由中间的铜制导线（也叫作内导体）和外面的导线（也叫作外导体），以及两层导线之间的绝缘层和最外面的保护套组成。

有些外导体做成了螺旋缠绕式，如图2-28所示，叫作漏泄同轴电缆。

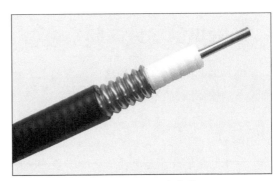

图2-28 漏泄同轴电缆

有些外导体做成了网状结构，并且在外导体和绝缘层之间使用铝箔进行隔离，如图2-29所示，这就是常见的射频同轴电缆。

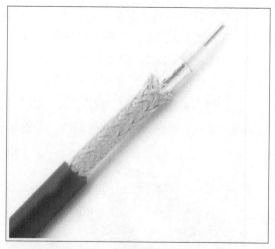

图 2-29   射频同轴电缆

同轴电缆的两端需要有终结器，一般使用50 Ω或者75 Ω的电阻连接内、外导体。同轴电缆分为宽带同轴电缆和基带同轴电缆。宽带同轴电缆主要用于高带宽的数据通信，支持多路复用，如有线电视的数据传输；而50 Ω的基带同轴电缆通常用于局域网，速度基本上能达到10 Mbit/s。

同轴电缆可以用于传递数字及模拟信号。但由于总线型网络的固有缺点和成本因素，同轴电缆已逐渐淡出局域网领域，被双绞线所代替。现在随着无线通信产业的发展，以及各行各业对于移动通信信号的要求不断提高，移动通信信号的覆盖范围逐渐扩大，在基站的扩增中，同轴电缆起到了关键作用。尤其是漏泄同轴电缆，兼具射频传输和天线收发的双重功能，主要用于覆盖无线传输受限的地铁和铁路隧道，以及大型建筑的室内等区域。另外在监控领域，同轴电缆作为音、视频的传输载体，应用也非常广泛。一些使用了同轴电缆的音频线，叫作同轴音频线。

■2.2.4   无线

无线一般是指无线电或无线电波。无线网络是指利用无线通信技术替代传统的网线或光纤，把两个或多个不同的网络连接起来所组成的网络，适用于无法或者不方便有线施工的环境。与有线网络相比，无线网络具有组网灵活、施工方便、成本低廉等优点。在"无线网络基础知识"章节中将着重介绍无线功能。

2.3   常见的局域网网络设备

在局域网中，常见的网络设备有网卡、交换机、路由器等，这些设备的工作原理将在"网络设备的工作原理"章节中详细介绍。

■2.3.1   网卡

网卡的主要作用是将通信终端设备的数据信息转换后再通过介质向外发送，或者接收介质中的电子信号，将其转换成计算机可以识别处理的二进制数据，并交给计算机其他硬件处理。

一般主板都会带有网络芯片和网卡接口。如果要连接无线，可以配置无线网卡，有些主板还带有无线网卡，通过连接天线就可以使用，如图2-30所示。

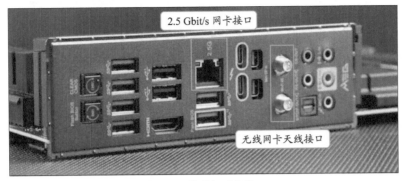

图 2-30　计算机网卡接口

■2.3.2　交换机

在内网中，尤其是企业中有众多有线终端需要联网的情况下，可以接入交换机，通过交换机实现数据的快速中转和交换。常见的企业级交换机如图2-31所示。

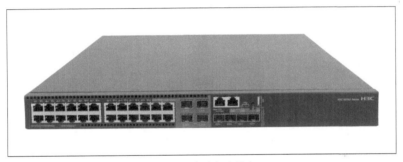

图 2-31　企业级交换机

■2.3.3　路由器

路由器的主要作用是帮助数据包快速到达目的地，一般用于网络的出口处或多种不同网络的连接处。常见的家用无线路由器如图2-32所示，而企业级路由器如图2-33所示。现在的路由器的主要功能是作为局域网中设备的代理服务器连接外网，还可以作为防火墙使用。

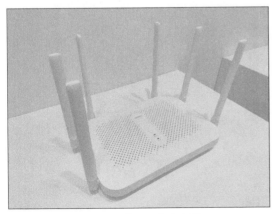

图 2-32　家用无线路由器

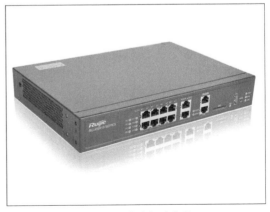

图 2-33　企业级路由器

■ 2.3.4 集线器

集线器是早期的网络设备，用于总线型局域网。由于各种缺陷，集线器逐渐被交换型局域网设备（即交换机）所取代，现在市面上已经基本看不到了。

2.4 常见的局域网操作系统

局域网中只有硬件是无法实现数据交换的，局域网中的设备、终端都需要操作系统的支持。局域网中不同的设备有不同的功能和作用，所安装的操作系统也并不一样。

■ 2.4.1 桌面操作系统

桌面操作系统也就是常见的计算机端使用的操作系统，包括Windows系列操作系统Windows 10、Windows 11等，如图2-34所示，以及Linux操作系统的发行版，如Fedora、Debian、CentOS、Ubuntu等，如图2-35所示。

图 2-34 Windows 操作系统

图 2-35 Linux 操作系统

■ 2.4.2 移动终端操作系统

移动终端操作系统主要有谷歌的安卓系统（如图2-36所示）、苹果手机使用的iOS系统（如图2-37所示）和华为手机使用的鸿蒙系统（如图2-38所示）等。一些智能家电、安防监控、汽车中控等也会使用安卓操作系统。

图 2-36 安卓系统

图 2-37　iOS 系统

图 2-38　鸿蒙系统

■ 2.4.3　服务器操作系统

服务器操作系统是指专门为服务器打造的专业级别的操作系统。服务器操作系统在界面设计方面或许比不上桌面操作系统，但在稳定性、网络响应速度和服务器功能组建方面，是桌面操作系统所不能比拟的。常见的服务器操作系统有Windows Server系列（如图2-39所示），以及Linux的企业发行版等（如图2-40所示）。

图 2-39　Windows Server 系统

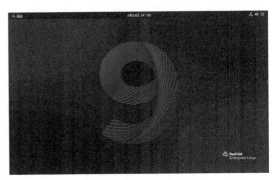

图 2-40　Linux 企业发行版

■ 2.4.4　网络设备系统

网络设备的主要功能是数据传输，不同的网络设备有其各自的操作系统，通常负责协议的解析和数据的解读等工作。网络设备所使用的操作系统一般都是各厂商的私有系统，包括常见的思科网络设备使用的系统，华为网络设备使用的系统，锐捷网络设备、H3C网络设备使用的系统，家庭用的小型路由器使用的OpenWRT系统等。

推进网络基础设施互联互通。规划建设洲际海底光缆项目，加快推进跨境光缆建设及扩容，支持运营商建设海外POP点。加强与共建"一带一路"国家卫星规划、运营、应用合作，发展精准导航、应急通信、广播电视、安全通信等开放性公共服务。

——《"十四五"国家信息化规划》

课后作业

一、单选题

1. 不属于局域网常见网络设备的是（　　　　）。

　A. 交换机　　　　　　　　　　B. 路由器

　C. 打印机　　　　　　　　　　D. 网卡

2. 网线中不包含的颜色是（　　　）。

　A. 橙　　　　　　　　　　　　B. 绿

　C. 蓝　　　　　　　　　　　　D. 黄

二、多选题

1. 按照网络拓扑结构，局域网可以分为（　　　）。

　A. 总线型　　　　　　　　　　B. 星形

　C. 环形　　　　　　　　　　　D. 树形

2. 常见的局域网传输介质有（　　　）。

　A. 双绞线　　　　　　　　　　B. 光纤

　C. 同轴电缆　　　　　　　　　D. 无线

3. 以下属于光纤的优势有（　　　）。

　A. 容量大　　　　　　　　　　B. 损耗低

　C. 质量轻　　　　　　　　　　D. 抗干扰能力强

三、简答题

1. 简述各类网线所支持的带宽。

2. 简述局域网的拓扑结构及特点。

3. 简述光纤的冷接热熔及其优缺点。

第 **3** 章
网络设备的工作原理

📖 内容概要

　　网络设备在工作时会按照预定的规则对数据进行处理和转发。本章将详细介绍常见网络设备的工作原理、参数及相关的专业术语。

💡 知识要点

　　网卡及MAC地址。
　　集线器的工作原理。
　　网桥的工作原理。
　　交换机的工作原理。
　　路由器的工作原理。
　　防火墙的功能和类型。

3.1 网卡

网卡是网络通信过程中的关键设备。有了网卡，设备间才能正常通信。

■3.1.1　网卡简介

网卡也叫作网络适配器，是在网络上实现通信必需的硬件。网络适配器将计算机、工作站、服务器等设备连接到网络上的通信接口装置。在很多情况下，它是一个单独的网络接口卡，即网卡（现在大多数网卡集成在了主板上）。当然，现在网卡的概念已经不仅局限于计算机网卡的范畴，所有可以进行网络连接的设备，包括手机、平板电脑、智能家电等无线设备中都有网卡的存在。

■3.1.2　网卡的作用

网卡是工作在数据链路层的网络组件，是局域网中连接计算机和传输介质的接口，不仅能实现局域网传输介质之间的物理连接和电信号匹配，还涉及帧的发送与接收、帧的封装与拆封、介质的访问控制、数据的编码与解码，以及数据缓存等功能。

网卡上装有处理器和存储器［包括随机存储器（random access memory，RAM）和只读存储器（read-only memory，ROM）］。网卡和局域网之间的通信是通过电缆或双绞线以串行传输方式进行的，而网卡和计算机之间的通信则是通过计算机主板上的输入输出（input/output，I/O）总线以并行传输方式进行的，因此，网卡的一个重要功能就是进行串行/并行的转换。由于网络上传输的数据速率和计算机总线上传输的数据速率并不相同，在网卡中必须要装有对数据进行缓存的存储芯片。

在安装网卡时必须将管理网卡的设备驱动程序安装在计算机的操作系统中。这个驱动程序在之后的应用中会指定网卡将局域网传送过来的数据块存储在存储器的某个位置。

网卡并不是独立的自治单元，因为网卡本身不带电源，而是必须使用所插入设备的电源，并受该设备的控制，因此，可将网卡看成一个半自治的单元。当网卡接收到一个有差错的帧时，它会将这个帧丢弃而不会通知它所插入的计算机。当网卡接收到一个正确的帧时，它会使用中断来通知该计算机，并将其交付给协议栈中的网络层。当计算机要发送一个IP数据报时，会由协议栈将其向下交给网卡组装成帧后发送到局域网。

■3.1.3　网卡的分类

常见的网卡包括集成网卡和独立网卡。集成网卡一般集成在主板上，以"网络芯片+网络接口"的形式存在；而独立网卡是单独接驳在主板上的，现在一般接驳在PCI-E接口中，如图3-1所示。大部分移动设备

图 3-1　网卡

（如笔记本电脑）的无线网卡是"网络芯片+天线"的组合，如图3-2所示。

图 3-2 笔记本电脑的无线网卡

如果按照接口速度分类，可以分成10 Mbit/s／100 Mbit/s／1 000 Mbit/s自适应网卡和万兆网卡。现在一些高端主板通常配备有万兆网卡以适应以后的高速网络环境。

如果按照连接接口分类，计算机网卡可分为PCI-E接口的网卡和USB接口的网卡（包括USB接口的有线网卡和无线网卡，如图3-3和图3-4所示）。

图 3-3 USB 接口的有线网卡

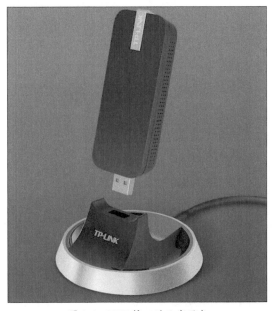

图 3-4 USB 接口的无线网卡

■3.1.4 MAC地址

每块网卡都有唯一的网络节点地址，这个地址是网卡生产厂商在生产网卡时烧入ROM（只读存储器）中的，叫作MAC地址（介质访问控制地址），是网卡的物理地址，保证绝对不会重复。MAC地址采用十六进制数表示，共6个字节（48位），如图3-5和表3-1所示。其中，前3个字节是由IEEE的注册管理机构（registration authority，RA）负责给不同厂商分配的代码（高位24位），称为"组织唯一的标识符"，是需要购买的；后3个字节（低位24位）由各厂商自行指定给生产的适配器接口，称为"扩展标识符"，也具有唯一性。一个"组织唯一的标识符"对应的地址块可以包括2^{24}个不同的地址。

图 3-5　MAC 地址显示

表 3-1　MAC 地址格式

	厂商代码			扩展标识符		
MAC 地址	1C	1B	0D	45	3F	C9

1. MAC地址的作用

在OSI模型中，第三层网络层负责IP地址，第二层数据链路层负责MAC地址。因此，一个主机会有一个MAC地址，而每个网络位置会有一个专属于它的IP地址。IP地址专注于网络层，负责将数据包从一个网络转发到另外一个网络；而MAC地址专注于数据链路层，负责将一个数据帧从一个节点传送到相同链路的另一个节点。

（1）标识主机

MAC地址是主机的标识，相当于每个人的身份证号，具有唯一性；而IP地址相当于此人现在的居住位置，是可以变化的。因此是由MAC地址代表主机在网络中进行数据传输的。

（2）传输数据

在局域网中，使用比较多的是二层网络设备，也就是二层交换机，它的使用原理与MAC地址密切相关。在与二层交换机连接的计算机之间进行通信时，交换机接收到数据包后，首先查阅MAC地址表，如图3-6所示；如果MAC地址表中存在目的MAC地址及对应的端口，则交换机直接将数据包发送到对应的端口，完成数据的传递。因为这个机制，交换机的工作效率十分高。

```
inter-openstack# show mac address-table
             Mac Address Table

(*) - Security        MAC 地址              对应端口
Vlan   Mac Address              Type        Ports
1      0026.b93b.9fac           dynamic     eth-0-15
100    0025.9095.6174           dynamic     eth-0-4
100    0026.b93b.9faa           dynamic     eth-0-1
100    0025.909f.608d           dynamic     eth-0-48
100    001c.5437.97d3           dynamic     eth-0-48
100    089e.01b3.3744           dynamic     eth-0-48
100    089e.01b3.377a           dynamic     eth-0-48
100    001e.0808.9800           dynamic     eth-0-48
100    782b.cb47.9cc6           dynamic     eth-0-48
```

图 3-6　MAC 地址表

（3）安全访问

在实际应用中，MAC地址主要用于保证网络管理便利及网络安全。将设备的MAC地址与IP地址进行绑定，如图3-7所示，并设置权限为只允许绑定的设备上网，这样就能避免蹭网现象的发生，防止其他未授权的设备获取公司重要的共享资源。另外，绑定地址后，还可以进行网速的限制。防火墙使用MAC地址绑定功能可防止ARP（address resolution protocol，地址解析协议）欺骗造成的数据泄露，如图3-8所示。

图 3-7 设备 MAC 地址与 IP 地址绑定

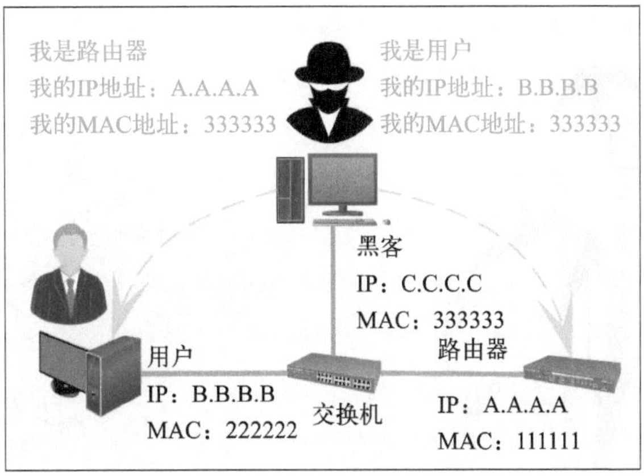

图 3-8 防止 ARP 欺骗示意图

2. MAC地址的获取

可以通过许多途径获取MAC地址。

- **通过网卡信息获取**：在主机上查看网卡信息，可以得到MAC地址，如图3-9所示。
- **通过BIOS获取**：在BIOS中，可以查看此网卡的MAC地址，如图3-10所示。
- **使用命令获取**：在计算机上使用命令ipconfig获取网卡信息，可以看到MAC地址。

图 3-9 网卡信息

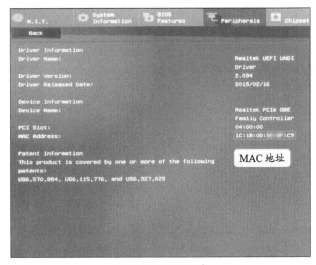

图 3-10 BIOS 信息

3.2　集线器

目前，集线器基本上已经被淘汰了。之所以还介绍集线器，一方面是为了让读者了解集线器的工作原理，另一方面是为了与交换机进行比较。集线器是网络发展中特定时期的特定产物，并且在很长一段时间内是组建局域网的主要设备之一。

集线器的英文名称为"hub"，是"中心"的意思。常见的集线器如图3-11所示。集线器的主要功能是对接收到的信号进行再生、整形、放大，以扩大网络的传输距离，同时把所有节点集中在以它为中心的节点上。它工作于OSI参考模型的第一层，即物理层。

图 3-11　集线器

■3.2.1　集线器的工作原理

集线器的每个接口只进行简单的收发，收到1就转发1，收到0就转发0，不进行碰撞检测。

集线器属于纯硬件网络底层设备，基本上不具有类似于交换机的"智能记忆"能力和"学习"能力，也不具备交换机所具有的MAC地址表。因此，它发送数据时采用广播方式，没有针对性，即当它要向某节点发送数据时，不是直接把数据发送到目的节点，而是把数据包发送到与集线器相连的所有节点。

当以集线器为中心设备时，若网络中某条线路发出故障，并不会影响其他线路的工作。大多数时候，集线器使用在星形与树形拓扑网络中，通过RJ-45接口与各主机相连。

■3.2.2　集线器的特点

集线器的特点包括以下几种：

- 从OSI参考模型可以看出，集线器只对数据的传输起到同步、放大和整形的作用，对数据传输中的短帧、碎片等无法进行有效处理，不能保证数据传输的完整性和正确性。
- 集线器的所有端口都共享一条带宽，在同一时刻只有一个端口传送数据，其他端口等待，所以只能工作在半双工模式下，传输效率低。如果是8口的集线器，那么每个端口得到的带宽就只有总带宽的1/8了。
- 集线器是一种广播工作模式，也就是说，在集线器的某个端口工作的时候，其他所有端口都能够收听到信息，这样容易产生广播风暴。另外，集线器的安全性差，因为与集线器相连的所有网卡都能接收到集线器所发送的数据，只是非目的地网卡自动丢弃了不是发给它的数据包。

■3.2.3　CSMA/CD

CSMA/CD的全称是"带冲突检测的载波监听多路访问"。其中，"多路访问"是指网络上的计算机以多点方式接入；"载波监听"是指用电子技术检测网线，每个设备发送数据前都需要检测网络上是否有其他计算机在发送数据，如果有，则暂时停止发送数据，随机等待一段时间后再次监听以决定是否发送。

从电气原理上解释，即计算机在发送数据的同时检测网线上电压的大小。如果有多个设备在发送数据，那么网线上的电压就会增大，此时计算机会认为产生了碰撞，也就是"冲突"。

■3.2.4　冲突域

处在同一个CSMA/CD中的两台或者多台主机，在发送信号时会产生冲突，一般认为这些主机处在同一个冲突域中。集线器的功能并不能避免冲突，所以，通常认为连接到同一个集线器的所有设备是处于同一个冲突域中的。冲突域相连会变成一个更大的冲突域。

■3.2.5　广播风暴

一个数据帧被传输到本地网段（由广播域定义）上的每个节点就是广播。由于网络拓扑的设计和连接问题，或其他原因导致广播数据帧在网段内大量复制、传播，使广播数据充斥网络无法处理，并占用大量网络带宽，导致网络性能下降，正常业务不能运行，甚至造成网络彻底瘫痪，就称发生了广播风暴（broadcast storm）。

广播风暴的产生有多种原因，如蠕虫病毒、交换机端口故障、网卡故障、链路冗余没有启用生成树协议、网线线序错误或受到干扰等。从目前来看，蠕虫病毒和ARP攻击是引起网络广播风暴最主要的原因。如今网络广播风暴已经很少见了，但在一些使用集线器的网络中仍时有发生。解决网络广播风暴最快捷的方法是给集线器断电，然后通电重新启动即可，不过这是治标不治本的方法。要彻底解决广播风暴问题，最好使用交换机设备，并划分虚拟局域网（virtual local area network，VLAN），通过端口进行控制。否则，如果广播风暴是由网卡损坏所致，那么要从上百台计算机中找出故障计算机无异于大海捞针，对于网络管理员将会是一场噩梦。

■3.2.6　集线器的不足

集线器的广播发送数据方式有以下三方面不足：

- 向所有节点发送用户数据包，很可能带来数据通信的不安全因素，一些别有用心的人很容易就能非法截获他人的数据包。
- 由于是向所有节点同时发送所有数据包，加上集线器采用的共享带宽方式（如果两个设备共享100 Mbit/s的集线器，那么每个设备就只有50 Mbit/s的带宽），就更加可能造成网络塞车现象，从而更加降低网络的执行效率。
- 集线器是非双工传输，每一个端口在同一时刻只能进行一个方向的数据通信，不能像交换机那样进行双向双工传输，网络通信效率低，不能满足较大型网络的通信需求，所以现在集线器基本上已经被淘汰。

3.3 网桥

网桥（bridge）是数据链路层的设备，现在也基本上已经被淘汰。但是根据网桥的原理制造的交换机却一直都在使用，所以在学习交换机前有必要先了解网桥。

■3.3.1 网桥简介

网桥是早期的网络设备，是根据MAC帧进行寻址的，如果MAC帧不是广播帧，则在查看目的MAC地址后，确定是否进行转发，以及应该转发到哪个端口。

网桥的性能比集线器更好，网桥一般有两个端口，分别有一条独立的交换信道，不共享同一条背板总线，可隔离冲突域。集线器的各端口都共享同一条背板总线，不能避免冲突。后来，网桥被具有更多端口、同时也可隔离冲突域的交换机（switch）所取代。

另外，集线器在转发信号时无法对数据进行检测。网桥在转发信号帧时，必须要执行CSMA/CD算法，如果发现碰撞，会立即停止发送。

■3.3.2 网桥的优缺点

网桥的工作原理决定了其优、缺点分明。

1. 网桥的优点

网桥可以隔绝冲突域，使各端口成为一个独立的冲突域，间接过滤一些占用带宽的通信量；经过网桥的中转，扩大了网络的覆盖范围；提高了可靠性；可以连接不同物理层、不同MAC子层和不同速率的局域网。

2. 网桥的缺点

因为和集线器的直接转发不同，网桥在转发时需要将比特流变成帧，然后读取信息并形成表，根据表确定帧的转发端口。这样的存储转发会增加时延，而在MAC层没有流量控制功能，具有不同MAC子层的网段桥接在一起时，时延会更大。因此，网桥适合用户不多、通信量不大的环境，否则极易产生网络风暴。

■3.3.3 网桥的工作过程

网桥虽然只有两个端口，但是工作过程和交换机基本类似。下面以最简单的网桥结构（如图3-12所示）向读者介绍网桥的工作过程。

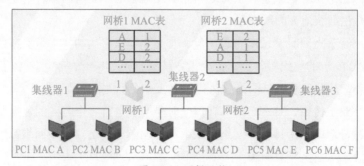

图 3-12　网桥结构

例如，PC1要向PC5发送数据帧，会发送目标是PC5的广播帧。当网桥1收到广播帧后，在其MAC表中记录下PC1对应的MAC地址A和端口1这两个重要数据，然后从端口2继续广播，当广播帧到达网桥2后，同样记录，并继续向端口2发送广播，PC5收到广播帧，会反馈一个信号给PC1；该反馈数据帧通过网桥2，会记录PC5对应的MAC地址E和端口2，同时在网桥2的MAC表中查找目标PC1的MAC地址A和对应的端口1，然后直接从端口1将反馈数据帧转发出去，反馈帧到达网桥1后，同样记录下PC5的MAC地址E和端口2，并在其MAC表中查找到目标PC1的MAC地址为A，对应的端口为1，于是就从网桥1的端口1转发出去了；最后PC1收到了PC5反馈的帧，包括其MAC地址。后续PC1发送的帧就不用广播了，直接填入PC5的MAC地址，网桥收到帧后，因为MAC表中已经有PC5的MAC地址及对应端口2，所以可以直接转发。之后的操作以此类推。需要说明的是，在这个过程中，PC收到目标不是自己的帧会直接丢弃。

从上面的整个过程可以看到，网桥在通信时主要有两个过程：学习和转发。

1. 学习

网桥的工作首先是学习，即网桥会读取所有进入网桥的帧的MAC地址，并记录下该MAC地址和进入的端口号，形成MAC地址表。此外，网桥记录的还有时间，因为要考虑到拓扑的变化和终端离线的情况，必须保证网络拓扑和MAC地址的实时、有效，所以要不断更新MAC地址表。网桥默认：如果A的帧从某端口进入，那么通过该端口就肯定能找到A。

2. 转发

网桥依据学习到的MAC地址表，将在表中能查到的目的MAC地址直接转发到对应的端口；如果没有目的MAC地址，则除了接收数据帧的端口外，向其他所有端口进行转发。如果发现目的MAC地址对应的端口就是数据帧进入的端口（如PC1向PC2发送数据帧），那么丢弃该数据帧。在整个转发过程中，网桥遵循CSMA/CD规则。

■3.3.4　分隔冲突域但不分隔广播域

前面介绍了冲突域的概念，也说了网桥可以分隔冲突域。从图3-12中可以看到，两个网桥将整个6台主机分隔成了3个冲突域。

PC1、PC2、网桥1的端口1在一个冲突域，发送数据时不需要考虑PC3至PC6会不会产生冲突，而仅仅在3台设备之间执行CSMA/CD规则。通过这种方法，可以降低发送数据时产生冲突的概率，提高数据帧的发送效率，从而间接地提高了网络的利用率和网络带宽。另外两个区域同样如此，由此可见，网桥可以分隔冲突域。

广播可用于查找通信的对象，但过多的广播会影响整个网络的带宽和质量，甚至可能会造成网络崩溃。从上面介绍的工作过程中可以看到，不论哪台设备，如果发送的是广播帧，或者目标并不在MAC地址表中，该帧就会通过网桥，转发到其他所有的端口。因此，PC1到PC6都在一个广播域中，网桥是无法分隔的。要分隔广播域，只能使用三层的设备，也就是路由器。二层设备仅保证数据帧能够顺利快速地转发，不需要也无法分隔广播域。

3.4　交换机

交换机是局域网经常使用的一种通信设备，如图3-13所示，它将直接决定局域网的传输速度和传输质量。

图 3-13　交换机

■3.4.1　交换机的概念

交换机（switch）是一种用电（光）信号转发数据的网络设备。它可以为接入交换机的任意两个网络节点提供独享的电信号通路。最常见的交换机是以太网交换机，其他常见的还有电话语音交换机、光纤交换机等。公司或者家用的交换机主要提供大量可以通信的传输端口，以方便局域网内部设备共享上网使用；如果是在局域网中的交换机，则主要为各终端之间或者终端与服务器之间提供高速数据传输服务。

■3.4.2　交换机的工作原理与工作过程

交换机工作于OSI参考模型的第二层，即数据链路层，与网卡一致。交换机内部的CPU会在每个端口成功连接时，通过将MAC地址和端口对应，形成一张MAC地址表。在之后的通信中，发往该MAC地址的数据包将仅送往其对应的端口，而不是所有的端口，如图3-14所示。

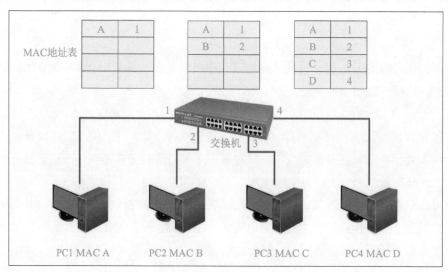

图 3-14　交换机的工作原理

前面介绍了网桥的工作过程，交换机与其类似。PC1要向PC2发送数据，首先会发送一个目标是MAC B的数据帧，交换机收到后，会将PC1的MAC地址和使用的端口记录在MAC地址表中；然后查询地址表中有无对应的目的MAC地址，如果有则直接转发，如果没有，则向2、

3、4号端口进行转发，PC3及PC4接收到帧后，发现不是自己的包，就丢弃了，PC2发现是自己的包，就会回传一个确认帧；交换机收到后，记录PC2的MAC地址B和端口2，然后查询地址表，发现目标是MAC A，则直接从1号端口转发出去，并不会向3、4号端口再转发了。PC1收到返回包，就开始正式发送数据了。经过一段时间后，交换机会记录完成所有的MAC地址和对应的端口号，以后再收到MAC地址表中存在的地址帧时，就不会广播，而是直接进行数据帧的转发了。如果地址表中不存在目的MAC地址，则广播到所有端口，这一过程叫作泛洪（flood）。

3.4.3　交换机的功能

交换机在工作时主要有以下几种功能。

1. 学习

交换机了解与每一端口相连设备的MAC地址，并将地址映射到相应的端口，存放在交换机缓存中的MAC地址表中。

2. 转发

当一个数据帧的目的地址在MAC地址表中有映射时，该数据帧会被转发到连接目的节点的端口而不是所有端口（如果该数据帧为广播帧或组播帧，则转发至所有端口）。

3. 避免回路

如果交换机被连接成回路状态，则很容易使广播包反复传递，形成广播封闭，进而产生广播风暴，造成设备瘫痪。高级交换机会通过生成树协议技术避免回路的产生，同时实现线路的冗余备份。

4. 提供大量网络端口

交换机一般为网络终端的直连设备，为大量计算机及其他有线网络设备提供接入端口，以完成星形拓扑结构。

5. 分隔冲突域但不分隔广播域

在冲突域中，同时只能有一个设备进行数据的发送，而交换机中采用了内部交换矩阵，每一个端口都可以同时与其他设备传输数据而不用等待。此外，交换机不分隔广播域是指交换机在通信时如果找不到目的地址，就会向整个交换机的所有端口进行广播。路由器可以分隔不同的网段，并将同一网段的广播只发给同一网络号的设备，起到了分隔广播域的作用，从而避免产生大量的广播风暴。

3.4.4　交换机的分类

根据不同的标准，交换机有不同的分类方法，常见的分类方法有如下几种。

1. 根据网络覆盖范围划分

根据网络覆盖范围，可以将交换机分为局域网交换机和广域网交换机。局域网交换机适用于家庭网或者中小型企业局域网，广域网交换机是大型企业或者ISP（Internet service provider,

因特网服务提供者）使用的专业级交换机。

2. 根据传输介质和传输速度划分

根据传输介质和传输速度，可以将交换机分为以太网交换机、快速以太网交换机、千兆以太网交换机、万兆以太网交换机、ATM交换机、FDDI交换机和令牌环交换机等。

3. 根据交换机应用网络层次划分

根据交换机应用网络层次，可以将交换机分为企业级交换机、校园网交换机、部门级交换机、工作组交换机和桌面型交换机等。

4. 根据工作协议层划分

根据交换机工作所在的协议层级，可以将交换机分为第二层交换机、第三层交换机和第四层交换机。第二层交换机是工作在数据链路层的交换机，也是日常使用最多的网络设备，它根据MAC地址进行转发。第三层交换机带有路由功能，由硬件结合软件实现数据的高速转发。第三层交换机不是简单的二层交换机和路由器的叠加，而是将三层路由模块直接叠加在二层交换的高速背板总线上，突破了传统路由器的接口速率限制，速率可达几十Gbit/s。第四层交换机的一个简单定义是：它是一种功能，决定传输不仅仅依据MAC地址（二层交换）及源/目的IP地址（三层路由），还依据第四层传输协议（TCP/UDP）及应用端口号等。第四层交换机的功能就像是虚拟IP指向物理服务器，它所要实现的业务遵循各种各样的协议，包括HTTP、FTP、NFS、telnet等，这些业务在物理服务器的基础上需要复杂的载量平衡算法。

■3.4.5 交换机的主要参数

交换机发展到现在已经比较成熟。在学习交换机时需要注意以下这些主要参数。

1. 背板带宽

背板带宽是交换机接口处理器或接口卡与数据总线之间所能吞吐的最大数据量。一台交换机的背板带宽越高，处理数据的能力就越强，但同时设计成本也会越高。

在挑选交换机时特别需要注意以下参数：

- 2×（所有端口容量×端口数量之和）应该小于背板带宽，这样才可实现全双工无阻塞交换，证明交换机具有发挥最大数据交换性能的条件。
- 满配置吞吐量（Mp/s）＝满配置GE端口数×1.488 Mp/s。其中，1个千兆端口在包长为64字节时的理论吞吐量为1.488 Mp/s。

例如，一台最多可以提供64个千兆端口的交换机，其满配置吞吐量应达到64×1.488 Mp/s ≈ 95.2 Mp/s，才能够确保在所有端口均线速工作时提供无阻塞的包交换。如果一台交换机最多能够提供176个千兆端口，而宣称的吞吐量不到261.8 Mp/s（176×1.488 Mp/s ≈ 261.8 Mp/s），那么用户有理由认为该交换机采用的是有阻塞的结构设计。

一般是两者都满足的交换机才是合格的交换机。

2. 交换容量

交换容量＝缓存位宽×缓存总线频率。对于存储转发交换机，交换容量的大小由缓存的位宽及其总线频率决定。

3. 端口容量

端口容量=2×（交换机所有端口的速率相加之和）。因为端口是全双工的，所以乘以2。

4. 包转发率

若交换机可提供24个百兆端口和2个千兆端口，则转发能力=24×0.149 Mp/s+2×1.488 Mp/s =6.552 Mp/s。

5. 转发技术

转发技术是指交换机所采用的用于决定如何转发数据包的转发机制。不同的转发技术各有优缺点，下面是3种常见的转发技术。

（1）直通转发技术（cut-through）

交换机一旦解读到数据包的目的地址，就开始向目的端口发送数据包。交换机通常在接收到数据包的前6个字节时，就已经知道目的地址，从而可以决定向哪个端口转发这个数据包。直通转发技术的优点是转发速率快、减少时延和提升整体吞吐率；缺点是交换机在没有完全接收并检查数据包的正确性之前就已经开始了数据转发。在通信质量不高的环境下，交换机的这一缺点会使其转发所有的完整数据包和错误数据包，实际上是给整个交换网络带来了许多垃圾通信包，交换机会被误认为发生了广播风暴。直通转发技术适用于网络链路质量较好、错误数据包较少的网络环境。

（2）存储转发技术（store and forward）

存储转发技术要求交换机在接收到所有数据包后再决定如何转发。这样一来，交换机可以在转发之前检查数据包的完整性和正确性。存储转发技术的优点是，没有残缺数据包的转发，减少了潜在的不必要数据转发；缺点是，转发速率比直通转发技术慢。存储转发技术比较适用于普通链路质量的网络环境。

（3）碰撞逃避转发技术

某些厂商的交换机还提供厂商特定的碰撞逃避转发技术，通过减少网络错误繁殖，在高转发速率和高正确率之间选择一种折衷的办法。

6. 时延

交换机时延是指从交换机接收到数据包到开始向目的端口复制数据包之间的时间间隔。有许多原因会影响时延大小，如转发技术等。采用直通转发技术的交换机有固定的时延，因为采用直通转发技术的交换机不管数据包的整体大小，只根据目的地址决定转发方向，所以，它的时延是固定的，取决于交换机解读数据包前6个字节中的目的地址时的解读速率。采用存储转发技术的交换机由于必须要接收完完整的数据包才开始转发数据包，因此，它的时延与数据包的大小有关，数据包大则时延长，数据包小则时延短。

7. 工作模式

交换机的全双工端口可以同时发送和接收数据，但这要交换机和所连接的设备都支持全双工工作方式。

具有全双工功能的交换机具有以下优点。

● **高吞吐量**：两倍于单工模式的通信吞吐量。

● **避免碰撞**：没有发送／接收碰撞。

● **突破长度限制**：由于没有碰撞，所以不受CSMA/CD链路长度的限制。通信链路的长度限制只与物理介质有关。

现在支持全双工通信的网络有：快速以太网、千兆以太网和ATM网。

8. 其他

除了以上几种主要参数，还可以选择的参数有：是否支持生成树协议、MAC地址表深度、是否支持管理功能、是否集成高速端口、是否可堆叠、是否支持VLAN功能等。

■3.4.6 交换机的选购

交换机的选购需要结合网络的实际需求和交换机的性能指标参数，如端口数量、端口速率、转发技术、背板带宽、网管功能等。选购交换机需要考虑以下因素。

1. 交换机功能

一般的接入层交换机需要考虑背板带宽、转发性能等。另外，简单的QoS保证、安全机制、支持网管策略、生成树协议和VLAN都是必不可少的功能。

2. 端口数量

端口数量是主要的选购因素，也是最直接的需求体现。常见的端口有8口、12口、16口、24口、48口等，需要根据实际的终端数加上部分冗余选择合适的交换机。

3. 端口速率

目前10/100兆自适应速率是比较常用的，一般的接入层交换机都能够提供全端口10/100兆自适应速率。如果企业对于局域网的传输速率要求较高，还可以选择千兆端口交换速率的交换机。

4. 交换机所处位置

对于一套大中型网络系统，其交换机配置一般由接入层、汇聚层、核心层3部分组成。

（1）接入层

接入层的目的是允许终端用户连接到网络，因此接入层交换机具有低成本和高端口密度的特性。在接入层的设计上一般主张使用性能价格比高的设备，同时应该易于使用和维护。

接入层为用户提供了在本地网段访问应用系统的能力，主要用于满足相邻用户之间的互访需求，并且为这些访问提供足够的带宽；接入层还应适当负责一些用户管理功能（如地址认证、用户认证、计费管理等）。

（2）汇聚层

汇聚层是网络接入层和核心层的"中介"，即在工作站接入核心层前先进行汇聚，以减轻核心层设备的负荷。汇聚层必须能够处理来自接入层设备的所有通信量，并提供到核心层的上行链路。与接入层交换机比较，汇聚层交换机需要更优的性能、更少的接口和更高的交换速率。汇聚层具有策略实施、安全设置、工作组接入、源地址或目的地址过滤等多种功能。在汇聚层中应该采用支持VLAN的交换机，以达到网络隔离和分段的目的。

（3）核心层

核心层是网络的高速交换主干，对整个网络的连通起着至关重要的作用。核心层具有可靠性、高效性、冗余性、容错性、可管理性、适应性、低时延性等特性。在核心层中应该采用千兆以上的高带宽交换机。为了确保网络的高可用性，核心层设备采用双机冗余热备份是非常必要的，也可以使用负载均衡功能改善网络性能。此外，尽量减少在核心层上实施网络的控制功能，因为核心层设备将占投资的主要部分。

5. 交换方式

交换方式是指交换机实现信息交换的技术方式，上面提到的直通转发技术和存储转发技术就是两种交换方式。采用存储转发技术是目前交换机的主流交换方式。

6. 链路聚合

三层交换机应支持链路聚合。链路聚合可以让交换机之间、交换机与服务器之间的链路带宽有非常好的伸缩性，如可以把2个、3个、4个千兆链路绑定在一起，使链路的带宽成倍增长。链路聚合技术可以实现不同端口的负载均衡，同时链路之间也能互为备份，以保证其冗余性。在一些千兆以太网交换机中，最多可以支持4组链路聚合，每组最多有4个端口，但也有支持8组链路聚合的交换机。在一个网络中设置冗余链路，并用生成树协议让备份链路阻塞，使其在逻辑上不形成环路，而一旦出现故障可及时启用备份链路，这样可以增加网络的可靠性和稳定性。

7. 厂商及售后

目前，交换机的主要生产厂商有锐捷、华为、思科、华三、中兴、TP-LINK、D-LINK、NETGEAR等。这些厂商的产品一般都提供全国联保及三包服务，质保时间随产品有所不同，用户可以通过客服电话等方式联系厂商。只要是在正规渠道购买的主流厂商的产品，其售后服务及远程支持都是比较好的。如果用户想要在其他渠道购买其他品牌的产品，应该事先综合考虑产品的售后服务，再做决定。

8. 扩展功能

在选择交换机时，除了应考虑交换机的端口是否需要冗余，还应考虑是否需要选择支持PoE（power over Ethernet，以太网供电）的设备，可以根据需要选择具有PoE供电功能的交换机。另外，还应查看交换机提供的扩展端口中是否有光纤端口、级联端口等。

3.5 路由器

路由器是在家庭或企业中经常使用的网络设备，如图3-15所示。在家庭或小型企业中，路由器主要作为共享上网设备使用；而在大中型企业中，路由器主要用于连接多种异构网络和跨网段通信。

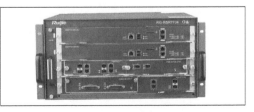

图 3-15　路由器

■3.5.1 路由器的概念

路由器工作在网络层，又称网关，是互联网的枢纽设备，是在因特网中连接局域网、广域网所必不可少的。它会根据网络的情况自动选择和设定路由表，以最佳路径按前后顺序发送数据包。

■3.5.2 路由器的作用

路由器的一个作用是连通不同的网络，另一个作用是选择数据包传送的线路。路由器选择通畅快捷的近路，能大大提高通信速度，减轻网络系统的通信负荷，节约网络系统资源，提高网络系统的畅通率，从而让网络系统发挥出更大的效用。

1. 共享上网

这是家庭及小型企业网络最常使用的功能。局域网的计算机及其他终端设备通过路由器连接因特网，并进行浏览，如图3-16所示。

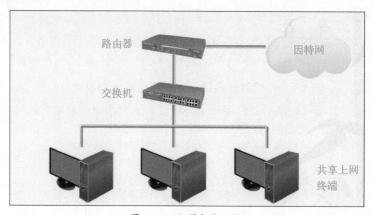

图 3-16　小型企业网络

2. 连接不同网络

所谓不同网络，指的是在互联网上除了有使用以太网技术的网络，还有在网络层使用其他不同协议的网络，而路由器就是在这些不同网络之间负责连接和传输数据的设备。

另外，在局域网中，不同网络也指不同网段的网络。划分不同网段可以隔离广播域，而不同网段之间要通信，就需要使用路由器。当然，三层交换机也可以实现该功能。

3. 路由选择

路由器可以自动学习不同网络的逻辑拓扑情况，并形成路由表。当数据到达路由器后，路由器根据目的地址进行路由计算，结合路由表形成最优路径，最终将数据转发给下一网络设备。

4. 流量控制

对流量进行控制，可避免传输数据的拥挤和阻塞。

5. 过滤和隔离

路由器可以隔离广播域，过滤广播包，减少广播风暴对整个网络的影响。由于网络号以及该网络号中广播地址的存在，当路由器某一接口的网络有广播时，只有该网段的所有主机能够听得到，如图3-17所示。因为这个网络的所有主机都在一个广播域中，其他网络并不需要，也不可能接收到该广播信号，这和交换机发送广播帧时所有端口都能听到是不同的。因为路由器本身就处在两个网络的交界处，由于IP地址的限制和路由器本身的功能，除非跨网段寻找目的明确（目标IP）的主机，否则路由器是不转发这种数据包的。其实，从某种角度来说，就算路由器将数据包发过去也没用，因为无法到达预期地址，数据包可能被丢弃。

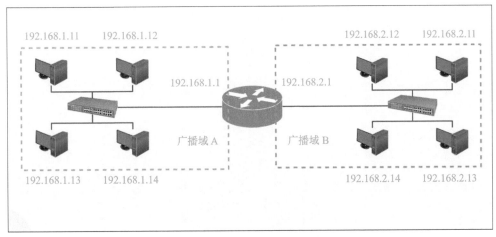

图 3-17 路由器隔离广播域示意图

6. 网络管理

家庭和小型企业用户使用小型路由器共享上网，可以在路由器上进行网络管理，如设置无线信道、名称、密码、速率、DHCP功能，还可进行ARP绑定、限速、限制联网、限制某应用程序联网等功能。

大中型企业可以通过路由器管理功能对设备进行监控和管理，这些功能包括各种限制功能、VPN（virtual private network，虚拟专用网）、远程访问、NAT功能、DMZ（demilitarized zone，非军事区，含义为"隔离区"）功能、端口转发规则等，如图3-18和图3-19所示。这些管理功能主要用于提高网络的运行效率、网络的可靠性和可维护性。

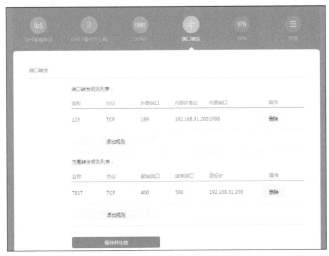

图 3-18 路由器管理界面

图 3-19 路由器的 DMZ 界面

■3.5.3　路由器的工作原理及过程

路由器在加入网络后会自动地定期同其他路由器进行沟通，将自己连接的网络信息发送给其他路由器，并接收其他路由器的网络宣告包，然后更新路由表，等待数据包并进行转发。路由器的工作原理如图3-20所示。

图 3-20　路由器的工作原理

如果从10.0.0.0网段中接收到数据包，路由器会首先拆包并查看目的IP地址，如果是在10.0.0.0网段中，则不会进行转发。如果目的地址是20.0.0.0网段，则会从R1的20.0.0.1接口直接发出，交给目标设备。如果目的地址是30.0.0.0或者40.0.0.0网段，则检查路由表，通过对应的下一跳地址或者接口将数据包发送出去。如果没有到达目的网络的路由项，则查看是否有默认路由，将包发给默认路由即可。这样，IP数据报最终一定可以找到目的主机所在的目的网络上的路由器（可能要通过多次间接交付）。只有到达最后一个路由器时，才试图向目的主机进行直接交付。如果确实找不到目的网络，则会报告转发分组错误。

IP数据报的首部中没有字段可以用来指明"下一跳路由器的IP地址"。当路由器收到待转发的数据包时，不是将下一跳路由器的IP地址填入IP数据报，而是送交下层的网络接口软件。下层的网络接口软件使用ARP负责将下一跳路由器的IP地址转换成硬件地址，并将此硬件地址放在链路层的MAC帧的首部，然后根据这个硬件地址找到下一跳路由器。

在转发过程中，数据包的MAC信息会被修改，但IP信息是固定不变的，如图3-21所示。

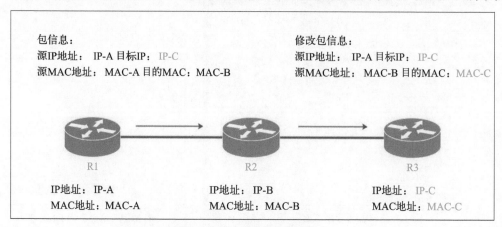

图 3-21　路由器中数据包的转发

从图中可以看出以下关键信息：

- 源IP地址和目标IP地址是始终不变的。这是因为数据包在进行转发时，每个路由器都要查看目标IP地址，然后根据目标IP地址所在的网络决定转发策略；当数据包返回时，必须要知道源IP地址。
- MAC地址随着设备的跨越不断改变。通过下一跳的IP地址求出MAC地址，然后将数据包发送给直连的设备；路由器的数据链路层进行封包时，将MAC地址重写，然后进行发送。因此，直连的网络才可以使用MAC地址，并将其用于直连的点到点的传输；而IP地址可以跨设备，用于端到端的传输。

■3.5.4　路由器的分类

路由器在被指定为网关时，会产生静态路由、默认路由和动态路由。

1. 静态路由

静态路由是指用户或网络管理员手工配置的路由信息。当网络拓扑结构或链路状态发生改变时，静态路由不会改变。

相比较动态路由协议，静态路由无须频繁地交换各自的路由表，配置简单，比较适合小型、简单的网络环境。它不适合大型、复杂网络环境的原因是：当网络拓扑结构和链路状态发生改变时，网络管理员需要进行大量的调整，工作繁重，而且无法感知错误发生，不易排错。

2. 默认路由

默认路由是一种特殊的静态路由，当路由表中没有与数据包目的地址匹配的表项时，数据包将根据默认路由进行转发。默认路由在某些时候是非常有效的，如在末梢网络中，默认路由可以大大简化路由器的配置，减轻网络管理员的工作负担。

3. 动态路由

动态路由能自动进行路由表的构建：第一步，路由器获得全网的拓扑，其中包括所有路由器和路由器之间的链路信息，拓扑就是地图；第二步，路由器在这个拓扑中计算出到达目的地（目的网络地址）的最优路径。

路由器使用路由协议从其他路由器那里获取路由。当网络拓扑发生变化时，路由器会更新路由信息，根据路由协议自动发现路由，修改路由，无须人工维护，但是路由协议开销大，维护相对静态路由较复杂。

■3.5.5　路由器的级别和应用范围

互联网各级别的网络中随处都可见到路由器：家庭和小型企业中的路由器可以连接到某个因特网服务提供方（ISP）；企业网中的路由器可以连接一个校园或企业内成千上万的计算机；骨干网上的路由器可以连接长距离骨干网上的ISP和企业网络。

根据使用环境不同，路由器分为以下几个级别。

1. 接入级路由器

接入级路由器用于连接家庭或小型企业客户。接入级路由器不仅提供SLIP（serial line

internet protocol，串行线路网际协议）或PPP（point-to-point protocol，点到点协议）连接，还支持诸如PPTP（point-to-point tunneling protocol，点到点隧道协议）和IPSec等虚拟私有网络协议，这些协议要能在每个端口上运行。随着技术的不断发展，接入级路由器会支持许多异构和高速端口，并能够在各个端口运行多种协议。

2. 企业级路由器

企业（或校园）级路由器可以连接许多终端系统，其主要目标是以尽量低的成本实现尽可能多的端点互连，并且进一步要求支持不同的服务质量。企业级路由器还支持一定的服务等级，至少允许分成多个优先级别。企业级路由器的成败在于是否提供大量端口并且每个端口的造价很低，是否容易配置，是否支持QoS。另外，企业级路由器还要能有效地支持广播和组播；企业网络还要能处理历史遗留的各种局域网技术，支持多种协议，包括IP（internet protocol，因特网协议）、IPX（internet work packet exchange，互联网数据包交换协议）等；企业级路由器还要能支持防火墙、包过滤、大量的管理和安全策略，以及VLAN。

企业级路由器与接入级路由器有很大区别，具体包括以下内容。

（1）更高的转发性能、更高的带机量

一般企业的员工少则十几人、多则上百人，如果要同时满足这么多人的网络需求，对于路由器的转发性能和带机量就会有很高的要求；而家用设备的密度低，信号强度弱，覆盖范围小，转发性能和带机量有限。

相比于接入级路由器，企业级路由器在性能方面更优越。企业级路由器的CPU、缓存、内存等硬件参数更高，NAT转发数更多，支持同时接入的用户数量更多。企业级路由器大多采用高主频网络专用处理器，数据处理能力强，具有更远的传输距离，可以大幅提高网络的传输速度和吞吐能力，运行也十分稳定，可以更好地满足企业多人高速上网的需求。

（2）更适合企业的功能定位

对于一个企业而言，路由器的使用环境要比家庭复杂得多，因此企业级路由器还拥有很多专门针对企业而设计的功能，如支持多个WAN口接入（如图3-22所示），可以增进可靠度、带宽及负载均衡，并具有IP-MAC绑定、弹性流量控制、连接数限制、VPN应用等功能。

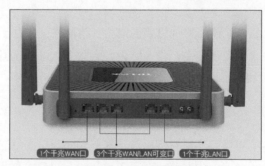

图 3-22　企业级路由器

（3）更丰富的路由协议

安全、稳定是企业网络的生命线。在这方面，接入级路由器由于各种协议较少，所以，对一般的防御内/外部攻击，防止病毒、木马和黑客侵扰等功能的支持较少，很难为企业提供多种安全保护。

企业级路由器一般具有多项安全服务，拥有更丰富的路由协议，如简单网络管理协议（simple network management protocol，SNMP）、路由协议、统一管理协议等。通过这些协议，可以保证网络安全运行，保护用户资料。

（4）工业级的产品设计，更适合长时间使用

通常情况下，家庭不会长时间使用路由器，所以路由器会有大量的时间"休息"；而企业由于工作需要，大多数时候可能需要路由器一天24小时运行，这对路由器的工业设计提出了更高的要求。

企业级路由器在工业设计上更加专业，能够支持长时间不间断的使用，更加适合企业的应用环境。因此，在进行无线覆盖部署时一定要选择专业的企业级路由器，如果为了节约成本而选择接入级路由器，肯定会对网络的安全性和稳定性造成影响。

3. 骨干级路由器

使用骨干级路由器可实现企业级网络的互联。对骨干级路由器的要求是速度和可靠性，而价格则处于次要地位。硬件的可靠性可以通过电话交换网中使用的技术，如热备份、双电源、双数据通路等来获得，这些技术对所有骨干级路由器而言差不多是标准的。骨干级路由器的主要性能瓶颈是在转发表中查找某个路由所耗的时间。当收到一个数据包时，输入端口在转发表中查找该数据包的目的地址以确定其目的端口，当数据包很短或者当数据包要发往许多目的端口时，势必会增加路由查找的时间。因此，可以将一些常访问的目的端口放到缓存中，以提高路由查找的效率。

■3.5.6 路由器的性能参数和选购技巧

与交换机不同，路由器从本质上说是属于类似计算机主机的设备。因此，路由器的性能参数主要有以下几种。

1. CPU

CPU是路由器核心的组成部分。不同系列、不同型号的路由器，其CPU也不尽相同。CPU的好坏直接影响路由器的吞吐量（路由表查找时间）、路由计算能力（影响网络路由收敛时间）和时延等。

2. 内存及闪存

路由器同样有内存，路由器的内存相当于计算机的内存。路由器的内存也有DDR（double data rate synchronous dynamic random access memory，双倍数据速率同步动态随机存储器）、DDR2、DDR3等种类。在选购时除了查看路由器内存的大小，还要注意查看内存的种类。内存主要存储当前路由器的配置信息，包括端口、IP地址、路由表、DMZ、DDNS（dynamic domain name server，动态域名服务）、MAC地址绑定、信号调节、虚拟服务器等的配置信息。

路由器的闪存相当于计算机的硬盘，对于路由器闪存容量的要求并不是很大，一般有128 MB、256 MB、512 MB等。在资金许可的条件下，闪存的容量当然越大越好。

3. 路由表能力

路由器通常依靠其所建立和维护的路由表来决定如何转发数据包。路由表能力是指路由表内所能容纳的路由表项数量的极限。由于因特网上执行BGP协议的路由器通常拥有数十万条路由表项，因此路由表能力也是路由器性能的重要体现。

4. 端口形式和速率

路由器端口可以是RJ-45端口，也可以是光纤端口，一般常用的速率有100 Mbit/s和1 000 Mbit/s，需要根据路由器的配置和所处环境进行选择。

5. 吞吐量

网络中的数据是由一个个数据包组成的，对每个数据包进行处理都要耗费资源。路由器的吞吐量是指在不丢包的情况下单位时间内通过的数据包数量，也就是指路由器整机数据包的转发能力。

吞吐量包括设备吞吐量和端口吞吐量。设备吞吐量是指路由器根据IP包头或者MPLS（multi-protocol label switching，多协议标签交换）标记选路，在没有丢包的情况下，设备能够接收并转发的最大数据速率，所以性能指标是每秒转发的包数量。设备吞吐量通常小于路由器所有端口的吞吐量之和。端口吞吐量是指路由器在某端口上的数据包转发能力。通常采用两个相同速率的端口测试端口吞吐量。

6. 支持的网络协议

曾经在局域网中使用得比较多的是IPX/SPX（sequenced packet exchange protocol，序列包交换协议）（Novell网使用的主要协议），如果这种局域网中的用户要访问因特网，就必须在网络协议中再添加TCP/IP协议，这样就要求路由器要能支持这两大类协议。因此，用户需要根据当前企业的网络环境选择适合的路由器。

7. 线速转发能力

所谓线速转发能力，是指在达到端口最大速率的时候，路由器传输的数据没有丢包。路由器最基本和最重要的功能就是数据包转发，在同样的端口速率下转发小包是对路由器包转发能力的最大考验。全双工线速转发能力是指以最小包长（以太网的最小包长为64字节）和最小包间隔在路由器的端口上双向传输，同时不引起丢包。简言之，进来多大的流量，就出去多大的流量，不会因为设备处理能力的问题而造成吞吐量下降。

8. 带机数量

带机数量就是路由器能负载的计算机数量。在厂商的产品性能参数表上经常可以看到标称路由器能带200台PC、300台PC的，但是因为路由器的带机数量直接受实际使用环境的网络繁忙程度影响，不同的网络环境的带机数量相差很大。

例如，在网吧，所有的人几乎同时在上网聊天、打网络游戏或看网络电影等，这些数据都要通过WAN口，路由器的负载很重；而企业网上通常同一时段只有小部分人在使用网络，路由器的负载很轻。如果把一个能带200台PC的企业网中的路由器放到网吧，可能连50台PC都带不动。另外，估算一个网络中每台PC的平均数据流量也无法做到很精确。

9. 厂商、价格和售后

价格和售后需要用户根据采购设备及资金状态综合进行考虑。

路由器的主要生产厂商有锐捷、华为、思科、TP-Link、中兴、华硕、NETGEAR等。

3.6　防火墙

防火墙（firewall），是由捷邦（Check Point）的创立者吉尔·舍伍德（Gil Shwed）于1993年发明并引入国际互联网的。防火墙是一种位于内部网络与外部网络之间的网络安全系统，用于信息安全的防护，依照特定的规则允许或是限制传输的数据通过。

■3.6.1　防火墙简介

防火墙是一个由软件和硬件设备组合而成，在内部网和外部网之间、专用网与公共网之间构造的保护屏障，可以在局域网与外部网络之间建立起一个安全网关（secure gateway），从而保护内部网免受非法用户的侵入。防火墙主要由服务访问规则、验证工具、包过滤和应用网关4个部分组成，有硬件防火墙与软件防火墙之分，如图3-23和图3-24所示。

实际上，防火墙与路由器属于同一类型的网络硬件，在一定程度上功能是类似的：防火墙也具备路由寻址功能，支持路由协议；而路由器也具备防火墙的过滤功能和访问验证机制等。两者的差别主要在于专业程度上。现在一些企业常常使用路由器的安全设置来起到防火墙的作用。

图 3-23　硬件防火墙

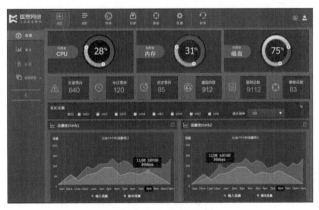

图 3-24　软件防火墙

■3.6.2　防火墙的功能

防火墙对于流经它的数据进行扫描和比对，过滤不符合防火墙策略规则的数据或者网络恶意攻击。防火墙的规则主要应用于防火墙的端口，其主要功能有如下几种。

1. 网络安全屏障

在局域网出口使用防火墙（如图3-25所示），能极大地提高内部网络的安全性，并通过过滤不安全的服务而降低风险。防火墙可以禁止不安全的协议进出受保护的网络，只有经过选择的应用协议才能通过防火墙，这样外部的攻击者就不可能利用这些脆弱的协议攻击内部网络，网络环境因此变得更安全；防火墙还可以保护网络免受基于路由的攻击。防火墙可以拒绝以上两种类型攻击的报文并通知防火墙管理员。

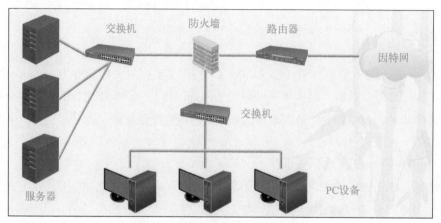

图 3-25   网络中使用防火墙示意图

2. 强化网络安全策略

利用以防火墙为中心的安全方案，能将所有安全软件措施（如口令、加密、身份认证、审计等）配置在防火墙上。与将网络安全问题分散到各个主机上相比，防火墙的集中安全管理更经济。

3. 监控审计

如果所有的访问都经过防火墙，防火墙就会记录这些访问，在日志中进行统计，提供网络使用情况的统计数据。当发生可疑动作时，防火墙能进行适当的报警，并提供网络是否受到监测和攻击的详细信息。收集一个网络的使用和误用情况是非常重要的。首先，可以了解防火墙是否能够抵挡攻击者的探测和攻击，并清楚防火墙的控制是否充足。其次，网络能提供统计功能，对进行网络需求分析和威胁分析而言很有必要。

4. 防止内部信息的外泄

利用防火墙对内部网络进行划分，可实现内部网络重点网段的隔离，从而降低局部重点或敏感网络的安全问题对全局网络造成的影响。另外，隐私是内部网络非常关心的问题，某个内部网络中不引人注意的细节可能包含了有关安全的线索而引起外部攻击者的兴趣，甚至因此暴露内部网络的某些安全漏洞。

5. 数据包过滤

网络上的数据都是以包为单位进行传输的，每一个数据包中都会包含一些特定的信息，如数据的源地址、目标地址、源端口号和目标端口号等。防火墙通过读取数据包中的地址信息判断这些包是否来自可信任的网络，并与预先设定的访问控制规则进行比较，进而确定是否需要对数据包进行处理和转发。数据包过滤可以防止外部不合法用户对内部网络的访问，但由于不能检测数据包的具体内容，也就不能识别具有非法内容的数据包，无法实施对应用层协议的安全处理。

6. 网络IP地址转换

NAT是一种将私有IP地址转换为公用IP地址的技术，被广泛应用于各种类型的网络和因特网的接入。网络IP地址的转换，一方面可隐藏内部网络的真实IP地址，使内部网络免受黑客的直接攻击；另一方面由于内部网络使用了私有IP地址，可以有效解决公用IP地址不足的问题。

7. 虚拟专用网络

虚拟专用网络是指利用公共网络设施，通过隧道技术等手段，并采用加密认证、访问控制等综合安全机制，将属于同一安全域的站点构建成安全独立、自治的虚拟网络。通俗地讲，虚拟专用网络就是将分布在不同地域的局域网或计算机通过加密通信，构建出专用的传输通道，将它们从逻辑上连成一个整体。虚拟专用网络不仅省去了建设专用通信线路的费用，还有效地保证了网络通信的安全。

■3.6.3　防火墙的主要类型

1. 网络层防火墙

可将网络层防火墙视为一种IP封包过滤器，运作在底层的TCP/IP协议上。这种防火墙通常以枚举的方式，只允许符合特定规则的封包通过，其余的封包一概禁止穿越防火墙。

网络防火墙也能以另一种较宽松的方式制定防火墙规则，只要封包不符合任何一项"否定规则"就予以放行。

操作系统及网络设备大多已内置防火墙功能。防火墙的过滤策略可以控制来源IP地址或端口号、目的IP地址或端口号、服务类型，也能经由通信协议、TTL（time to live，存活时间）值、来源的网域名称或网段等属性进行过滤。

2. 应用层防火墙

应用层防火墙是在应用层上运作，使用浏览器时所产生的数据流或是使用FTP时所产生的数据流都属于这一层。应用层防火墙可以拦截进出某应用程序的所有封包，并且封锁其他封包（通常是直接将封包丢弃）。理论上，这一类防火墙可以完全阻绝外部的数据流进入受保护的网络里。

防火墙通过监测所有封包并找出不符规则的内容，防范计算机蠕虫或木马程序的快速蔓延。不过就实现而言，这个方法比较复杂，所以大部分防火墙都不会考虑这种设计。根据侧重点的不同，应用层防火墙可分为网关型防火墙和服务器型防火墙。

3. 数据库防火墙

数据库防火墙是基于数据库协议分析与控制技术的数据库安全防护系统，通过主动防御机制，实现数据库的访问行为控制、危险操作阻断、可疑行为审计等。

数据库防火墙采用SQL（structure query language，结构查询语言）协议分析，根据预定义的禁止和许可策略让合法的SQL操作通过，阻断非法违规操作，以形成数据库的外围防御圈，实现SQL危险操作的主动预防、实时审计。面对来自外部的入侵行为，数据库防火墙可以提供SQL注入禁止和数据库虚拟补丁包等功能。

■3.6.4 硬件防火墙的选购

目前，市面上的网络防火墙设备不仅品牌繁多，而且档次不同，令普通用户眼花缭乱、无所适从。那么如何选择既能适应企业需要，又能达到最佳安全效果的防火墙产品呢？下面总结一些选购要点。

1. 品牌是关键

防火墙产品属于高科技产品，生产这样的设备不仅需要强大的资金后盾，还需要有力的技术保障。选择好的品牌在一定程度上也就选择了好的技术和服务，对将来的使用可以提供可靠的支持。

目前，在防火墙产品的开发、生产中比较知名的国内外品牌有H3C、思科、华为、锐捷等。这些品牌的厂商技术实力比较强，能提供高档产品，价格也相对较高。选择这些品牌，对于有资金实力的大、中型企业来说比较理想，因为这些品牌的产品在技术方面相对更有保障，能满足企业各方面的特殊需求，而且可扩展性比较强。

2. 安全最重要

防火墙本身是用于安全防护的设备，其自身的安全性也就显得更加重要。防火墙的安全性能取决于防火墙是否采用了安全的操作系统和专用的硬件平台。

在安全策略上，防火墙应具有一定的灵活性。首先，防火墙的过滤语言应该是灵活的，编程对用户应该是友好的；其次，防火墙还应具备若干可能的过滤属性。只有这样，用户才能根据实际需求选择适合的安全策略来保护企业网络的安全。此外，防火墙还应尽可能多地采用先进的鉴别技术，如身份识别及验证，信息的保密性保护、完整性校验，以及系统的访问控制机制、授权管理等，这些都是防火墙安全系统应该具备的技术。

3. 高效的性能

因为防火墙是通过对进入的数据进行过滤来识别是否符合安全策略的，所以在流量比较高时，要求防火墙能以最快的速度及时对所有数据包进行检测，否则可能会造成一定程度的时延，甚至死机。这个指标非常重要，它体现了防火墙的可用性能，也体现了企业用户使用防火墙产品的代价（时延），用户无法接受过高的时延代价。

目前，防火墙产品基本上都实现了从软件到硬件的转换，在算法上也有了很大的优化。具体到用户来说，要辨别一款防火墙的性能优劣，可以参看权威评测机构或媒体的性能测试结果。这些结果都是以国际标准（RFC 2544标准）来衡量的，衡量指标主要包括网络吞吐量、丢包率、延迟、连接数等，其中吞吐量又是重中之重。

在性能方面，不同规模的企业有不同的要求，速度不一定越快越好。例如，有的小型企业的局域网出口速率不到100 Mbit/s，选用1 000 Mbit/s的防火墙显然是多余的。

4. 强大的抗拒绝服务攻击能力

在网络攻击中，拒绝服务攻击是使用频率最高的手段。拒绝服务攻击可以分为两类：一类攻击是由于操作系统或应用软件在设计或编程上存在缺陷而造成的，这类攻击只能通过打补丁的办法解决，如常见的各种Windows系统安全补丁；另一类攻击是由于协议本身存在缺陷而造成的，这类攻击虽然较少，但是造成的危害却非常大。对于前者，防火墙显得有些力不从心，因为系统缺陷与病毒感染不同，没有病毒码作为依据，防火墙常常会做出错误的判断。防火墙的防范主要针对后者。

5. 多样的功能

质量好的防火墙能够有效地控制通信，为不同级别、不同需求的用户提供不同的控制策略。控制策略的有效性、多样性，级别目标的清晰性，以及定制策略的难易程度都直接反映出防火墙控制策略的水平。

在防火墙的包过滤方式上，目前各个厂商采用的技术基本上都是基于状态检测包过滤功能，其他的一些附加功能可以视实际需要而定。例如，对于没有固定主机的企业，可能需要身份认证功能；对于网络资源比较紧张的企业，可能需要带宽管理功能，并需要合理控制资源分配；对于有总部和分支机构的企业，可能需要具有VPN通信功能。

对于经常有内部用户移动办公的企业，防火墙最好能提供支持VPN通信或者身份验证的功能，这样做有两个好处：一是可以大大节省通信费用；二是当用户出差时可以登录公司内部的服务器，在没有其他加密手段或者加密成本较高时，这种身份验证方式是比较实用的。

6. 方便的配置

防火墙作为一种高科技产品，一般的技术人员是不太可能全部掌握其详细的配置原理的，所以就要求防火墙在配置上尽可能简单、方便。但是，通常质量好、功能强大的防火墙系统，其配置安装也较为复杂，需要网络管理员对原网络配置进行较大的改动。

目前，有一种支持透明通信的防火墙在安装时不需要对网络配置进行任何改动，非常适合小型企业选用。但要注意，并不是所有的防火墙都采用这种通信方式，有些防火墙只能在透明模式（数据链路层）或者路由模式（网络层）下工作，而有些防火墙则可以在混合方式下工作，能工作于混合方式的防火墙显然更具方便性。

7. 便捷的管理

网络技术发展很快，各种安全事件不断涌现，需要网络管理员经常调整安全策略。防火墙的管理不仅涉及控制策略的调整，还涉及业务系统的访问控制调整，因此，最好要适合网络管理员的管理习惯，并提供远程管理和管理命令的在线帮助等。

一个好的防火墙必须符合用户的实际需要。对于国内用户来说，防火墙最好是具有中文界面，既能支持命令行方式管理，又能支持图形用户界面（graphical user interface，GUI）和集中式管理。此外，防火墙日志应具有可读性，这对网络管理员来说是至关重要的。防火墙应提供精简日志的功能，可帮助网络管理员从日志中快速检索到有用的信息。

8. 扩展升级灵活

用户的网络不可能永远一成不变，随着业务的发展，企业内部可能会组建不同安全级别的子网，这样防火墙不仅要在公司内部网和外部网之间进行过滤，还要在公司内部子网之间进行过滤。目前的防火墙一般标配有3个网络接口，分别连接外部网、内部网和SSN（secure server network，安全服务器网络）。

用户在购买或配置防火墙时，首先要对自身的安全需求、网络特性和成本预算进行分析，然后对防火墙产品进行评估和审核，再选出2~4家主要品牌产品进行洽谈，最后确定优选方案。此外，用户还必须弄清楚防火墙是否可以增加网络接口，因为有些防火墙无法扩展接口。

通常小型企业接入互联网的目的是为了方便内部用户浏览网络、收发e-mail和发布信息。这类用户在选购防火墙时应重点考虑内部数据的安全性，对服务协议的多样性、速度等可以不做特殊要求。建议这类用户选用一般的代理型防火墙，具有http、mail等代理功能即可。

对于有电子商务的企业用户来说，由于每天都会有大量的商务信息通过防火墙，如果需要在外部网络发布Web（将Web服务器置于外部的情况）服务，同时需要保护数据库或应用服务器（置于防火墙内），则要求所采用的防火墙具有传送SQL数据的功能，而且传送速度必须较快。建议这类用户采用高效的包过滤型防火墙，并将其配置为只允许外部Web服务器和内部传送SQL数据使用。

9. 良好的协同工作能力

因为防火墙只是一个基础的网络安全设备，并不代表网络安全防护体系的全部，通常还需要与防病毒系统和入侵检测系统等安全产品协同配合，才能从根本上保证整个系统的安全，所以在选购防火墙时要考虑它是否能够与其他安全产品协同工作。

拓展阅读

探索建设前沿信息基础设施。加快布局卫星通信网络等面向全球覆盖的新型网络，实施北斗产业化重大工程，建设应用示范和开放实验室。加快北斗系统、卫星通信网络、地表低空感知等空天网络基础设施的商业应用融合创新。构建基于分布式标识的区块链基础设施，提升区块链系统间互联互通能力。

——《"十四五"国家信息化规划》

课后作业

一、单选题

1. 如果网络带宽是100 Mbit/s，有5台设备连接到集线器，那么每台设备的带宽是（　　）。

   A. 100 Mbit/s
   B. 50 Mbit/s
   C. 20 Mbit/s
   D. 10 Mbit/s

2. A—B—C—D，A通过B和C向D发送数据，在C—D的传输阶段，IP数据报中的源IP地址是（　　）。

   A. A
   B. B
   C. C
   D. D

二、多选题

1. 可以分隔广播域的设备有（　　）。

   A. 集线器
   B. 交换机
   C. 路由器
   D. 防火墙

2. 属于交换机的主要功能的是（　　）。

   A. 学习
   B. 转发
   C. 寻址
   D. 避免拥塞

3. 按照交换机的应用范围，交换机可以分为（　　）。

   A. 接入层交换
   B. 骨干层交换
   C. 汇聚层交换
   D. 核心层交换

三、简答题

1. 简述交换机的工作过程。
2. 简述路由器的工作过程。
3. 简述冲突域的产生和避免的过程。

第4章

无线网络基础知识

内容概要

　　随着各种无线智能家居产品、无线办公产品、手机、平板电脑等无线终端设备的大规模普及，加上依托于网络的各种应用，使得无线网络的优势更加突出。本章将介绍无线网络、无线局域网的基础知识，包括无线网络技术、无线设备的用途、无线网络的组建和管理等知识。

知识要点

　　无线网络的分类和技术。

　　无线局域网的标准。

　　无线局域网的结构。

　　无线局域网的安全性。

　　无线局域网的常见网络设备。

　　无线局域网的组建和设置。

4.1 无线网络概述

无线网络是相对于有线网络而言的，目前应用最广泛的无线网络就是无线局域网。所谓无线网络，是指无须布置有线介质就能实现各种网络设备互连的网络。无线网络技术涵盖的范围很广，既包括允许用户建立远距离无线连接的全球语音和数据网络，也包括为近距离无线连接进行优化的红外线及射频技术等。

■4.1.1　无线网络的分类

无线网络根据覆盖范围不同，分为以下几种类型。

1. 无线广域网

无线广域网（wireless wide area network，WWAN）是基于移动通信基础设施，由网络运营商（如中国移动、中国联通、中国电信等）经营，负责一个城市所有区域甚至一个国家所有区域的通信服务。WWAN的地理覆盖范围较大，通常涵盖一个国家或一个洲，其主要目标是让分布较远的各局域网之间实现互联。它的结构分为末端系统（两端的用户集合）和通信系统（中间链路）两部分。

2. 无线城域网

无线城域网（wireless metropolitan area network，WMAN）是可以让接入用户访问到固定场所的无线网络，它将一个城市或者地区的多个固定场所连接起来。

3. 无线局域网

无线局域网（wireless local area network，WLAN）是一个在短距离范围之内负责无线通信接入功能的网络。目前，无线局域网络是以IEEE学术组织的IEEE 802.11技术标准为基础，也就是WiFi网络。无线广域网和无线局域网并不完全互相独立，它们可以结合起来提供更加强大的无线网络服务，无线局域网可以让接入用户共享局域网内的信息，而通过无线广域网就可以让接入用户共享因特网的信息。

4. 无线个人局域网

无线个人局域网（wireless personal area network，WPAN）是用户个人将所拥有的便携式设备通过通信设备进行短距离无线连接的无线网络。

■4.1.2　无线网络的介质和技术

无线网络可以使用的介质有无线电、微波和红外线。现在可见光也可以进行无线传输。

无线网络使用的技术非常多，如经常使用的蓝牙技术，3G、4G、5G技术，WLAN使用的Wi-Fi 6等。因为无线网络的范围太大，专业性也比较强，下面以最常使用的无线局域网为例，介绍其中相关的技术与知识。

4.2 无线局域网简介

无线局域网（WLAN）是指应用无线通信技术将计算机设备互连起来，构成可以互相通信和实现资源共享的网络体系。无线局域网本质的特点是不再使用通信电缆将计算机与网络连接起来，而是通过无线的方式连接，从而使网络的构建和终端的移动更加灵活。无线的主要载体有3种：无线电、微波及红外线。

■4.2.1　无线局域网的技术标准

常见的无线局域网技术标准有以下几种。

1. 802.11标准

IEEE 802.11无线局域网标准的制定是无线网络技术发展的一个里程碑。802.11标准的颁布，使得无线局域网在各种有移动要求的环境中被广泛接受。它是无线局域网目前最常用的传输标准，各个公司都有基于该标准的无线网卡产品。

802.11标准是1997年IEEE最初制定的一个WLAN标准。此标准工作在2.4 GHz开放频段，支持1 Mbit/s和2 Mbit/s的数据传输速率，定义了物理层和MAC层规范，允许无线局域网及无线设备制造商建立互操作的网络设备。基于IEEE 802.11标准发展而来的WLAN标准非常多，其中以802.11a、802.11b、802.11g、802.11n、802.11ac和802.11ax最具代表性，这些标准的有关数据如表4-1所示。

表4-1　802.11 各代表性版本标准的相关数据

标准	使用频率	兼容性	理论最高速率	实际速率
802.11a	5 GHz		54 Mbit/s	22 Mbit/s
802.11b	2.4 GHz		11 Mbit/s	5 Mbit/s
802.11g	2.4 GHz	兼容 b	54 Mbit/s	22 Mbit/s
802.11n	2.4 GHz/5 GHz	兼容 a/b/g	600 Mbit/s	100 Mbit/s
802.11ac W1	5 GHz	兼容 a/n	1.3 Gbit/s	800 Mbit/s
802.11ac W2	5 GHz	兼容 a/b/g/n	3.47 Gbit/s	2.2 Gbit/s
802.11ax	2.4 GHz/5 GHz		9.6 Gbit/s	

2. 蓝牙

蓝牙是一种近距离无线数字通信的技术标准，支持的传输距离为10 cm～10 m，通过增加发射功率可达到100 m。对于802.11标准来说，蓝牙的出现不是为了竞争而是为了相互补充。蓝牙比802.11标准更具移动性，因为802.11标准将用户限制在办公室和校园等有限的空间内，而使用蓝牙却能把一个设备连接到局域网和广域网，甚至支持全球漫游。此外，蓝牙模块成本低、体积小，可用于更多的设备。蓝牙最大的优势还在于，在更新网络骨干时，如果搭配蓝牙架构进行，则整体网络的架设成本要比铺设线缆低得多。

3. HomeRF

HomeRF（home radio frequency，家用无线射频）标准主要为家庭网络设计，是IEEE 802.11标准与数字无绳电话标准的结合，旨在降低语音数据成本。HomeRF标准采用了扩频技术，工作在2.1 GHz频带，能同步支持4条高质量语音信道。

4. HiperLAN

HiperLAN（high performance radio LAN，高性能无线局域网）是一种在欧洲应用的无线局域网通信标准的一个子集，有两种标准：HiperLAN/1和HiperLAN/2。这两种标准均被欧洲电信标准协会（ETSI）采用。HIPERLAN/1标准推出时，数据传输速率较低，没有被人们重视。2000年，HiperLAN/2标准制定完成，它采用5G射频频率，其上行速率可以达到54 Mbit/s。HiperLAN/2标准详细定义了WLAN的检测功能和转换信令，用以支持更多无线网络，支持动态频率选择、无线信元转换、链路自适应、多束天线和功率控制等。该标准在WLAN性能、安全性、服务质量（QoS）等方面也给出了一些定义。

■4.2.2 无线局域网的结构

根据无线局域网的无线连接方式，可以将无线局域网分成以下几种。

1. 对等网

对等网也叫作Ad-Hoc网，由一组有无线网卡的计算机组成，如图4-1所示。这些计算机以相同的工作组名、扩展服务集标识符（extend service set identifier，ESSID）和密码，以对等的方式相互直接连接，在WLAN的覆盖范围之内，进行点对点或点对多点之间的通信。

这种组网模式不需要固定的设施，只需要在每台计算机中安装无线网卡就可以实现，因此非常适用于一些临时组建的网络和终端数量不多的网络中。

2. 基础结构网络

基础结构网络，如图4-2所示，具有无线接口卡的无线终端以无线接入点（AP）为中心，通过无线网桥（AB）、无线接入网关（AG）、无线接入控制器（AC）和无线接入服务器（AS）等将无线局域网与有线网络连接起来，组建多种复杂的无线局域网接入网络，实现无线移动办公的接入。任意站点之间的通信都需要使用AP转发，终端也使用AP接入网络。

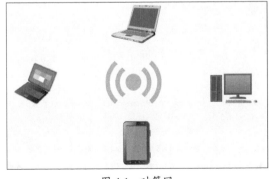

图 4-1　对等网

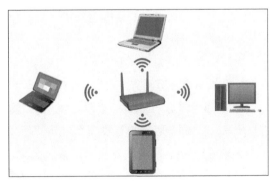

图 4-2　基础结构网络

3. 桥接网络

桥接网络也可以叫作混合模式，如图4-3所示。在该种模式中，AP和节点1之间使用了基础结构的网络，而节点2通过节点1连接AP。

图 4-3　桥接网络

4. Mesh网

Mesh网，即"无线网格网络"，是一种"多跳"（multi-hop）网络，由对等网发展而来。Mesh网中的每一个节点都是可移动的，并且能以任意方式动态地保持与其他节点的连接，如图4-4所示。在网络演进的过程中，无线网络是一种不可或缺的技术，无线Mesh能够与其他网络协同通信，形成一个动态的可不断扩展的网络架构，并且在任意两个设备之间均可保持无线互连。

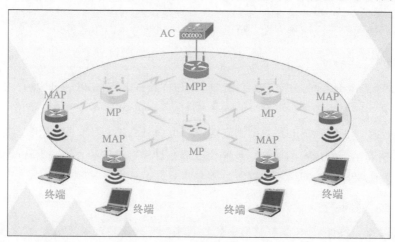

图 4-4　Mesh 网

Mesh路由器标配的3个发射频段：一个2.4 GHz频段和两个5 GHz频段。Mesh组网使用5 GHz高频段160 M做无线接入点之间的高速数据流传输，而5 GHz低频段80 M和2.4 GHz频段则用来进行无线接入点与终端之间中速覆盖数据传输。

Mesh网络的特点有：

- Mesh组网就是为了解决单一无线路由器无法覆盖到全部的范围而采用的一种新型的组网技术。这种组网方式可以很轻松地达到无线全覆盖。
- Mesh组网是一种多跳技术，能让用户的WiFi设备机智地跳到一个最合适的天线上。
- Mesh之间一般支持有线/无线组阵列。
- 采用Mesh之间无线回程的时候，会拿出专属信道做Mesh间的联络，极限条件下会损失1/2的带宽用作设备间的内部通信。所以当多个Mesh用无线回程级联几次以后，前后传输速度会差得非常大。
- Mesh和AC+AP，一个是多跳网络，一个是天线管理。

其中，AC控制和管理WLAN内所有的AP，MPP（mesh portal point，Mesh网入口点）是通过有线与AC连接的无线接入点，MAP（mesh access point，Mesh网接入点）是同时提供Mesh服务和接入服务的无线接入点，MP（mesh point）是通过无线与MPP连接的，但是不接入无线终端的无线接入点。

Mesh组网的优势：部署简便，Mesh网络的设计目标就是将多个相同的无线接入点进行整合与优化，并将设备配置难度降至最低，因此大大降低了总拥有成本和安装时间；稳定性强，Mesh网络比单跳网络更加健壮，因为它不依赖于某一个单一节点的性能；结构灵活，在多跳网络中，设备可以通过不同的节点同时连接到网络；超高带宽，一个节点不仅能传送和接收信息，还能充当路由器对其附近节点转发信息，随着更多节点的相互连接和可能的路径数量的增加，总的带宽也大大增加了。当然，实际使用时并没有那么复杂，只要使用几个可以互联的Mesh进行简单设置即可。

■4.2.3　无线局域网的优缺点

与有线局域网相比，无线局域网有以下优点：

- **灵活性和移动性**：无线局域网在无线信号覆盖区域内的任何一个位置都可以接入网络，连接到无线局域网的用户可以移动，并且能同时与网络保持连接。
- **安装便捷**：无线局域网可以免去或最大程度地减少网络布线的工作量，一般只要安装一个或多个接入点设备，就可建立覆盖整个区域的局域网络。
- **易于进行网络规划和调整**：对于有线网络来说，办公地点或网络拓扑的改变通常意味着重新建网；而无线局域网可以避免或减少以上情况的发生。
- **故障定位容易**：有线网络一旦出现物理故障，往往很难查明，而且检修线路需要付出很大的代价；无线网络则很容易定位故障，只需更换故障设备即可恢复网络连接。
- **易于扩展**：无线局域网有多种配置方式，可以很快从只有几个用户的小型局域网扩展到拥有上千用户的大型网络，并且能够提供节点间"漫游"等有线网络无法实现的特性。

由于无线局域网有以上诸多优点，因此发展十分迅速。但是，无线局域网也有其固有的缺点。

- **性能不稳定**：无线局域网是依靠无线电波传输的。无线电波通过无线发射装置发射出来，而建筑物、车辆、树木和其他障碍物都可能阻碍这些无线电波的传输，从而使网络性能受到一定的影响。
- **传输速率偏低**：无线信道的传输速率受很多因素的影响，与有线信道相比要稍低些，适合于个人终端和小规模网络应用。另外，延时和丢包也一直是困扰无线网络的难题。
- **安全性不如有线网**：本质上无线电波不要求建立物理的连接通道，无线信号是发散的，从理论上讲，很容易监听到无线电波广播范围内的任何信号，造成通信信息泄露。

■4.2.4　无线局域网的安全性

在WLAN应用中，对于家庭用户、公共场景中对安全性要求不高的用户，使用VLAN隔离、MAC地址过滤、ESSID、密码访问控制和无线静态加密技术（wired equivalent privacy，WEP）可以满足其安全性需求。但对于公共场景中对安全性要求较高的用户，仍然存在着安全隐患，需要将有线网络中的一些安全机制引进WLAN中，在无线接入点实现复杂的加密解密算法，通过无线接入控制器，利用PPPoE（point to point protocal over Ethernet，基于以太网的点到点协议）或者DHCP+Web认证方式对用户进行第二次合法认证，对用户的业务流实行实时监控。这方面的WLAN安全策略有待在实践中进一步探讨并完善。

无线加密技术有WEP、WPA/WPA2、WPA-PSK/WPA2-PSK、WPA3等，下面分别对这些技术进行简单介绍。

1. WEP

WEP是一种早期的加密技术，由于其在安全性方面存在多个薄弱环节，容易被专业人士破解，因此在2003年被WPA加密技术所取代。由于WEP采用的是IEEE 802.11标准，而现在无线路由设备使用的基本都是IEEE 802.11n标准，因此，当使用WEP加密时会影响无线网络设备的传输速率。

2. WPA/WPA2

WPA/WPA2是一种安全的加密类型，不过由于此加密类型需要安装Radius服务器，因此一般用户都用不到，只有企业用户为了无线加密更安全才会使用此种加密类型。如果使用这种加密类型，在设备连接WiFi时需要Radius服务器认证，还需要输入Radius密码。

3. WPA-PSK/WPA2-PSK

WPA-PSK/WPA2-PSK是现在最为普遍的加密类型，这种加密类型安全性高，而且设置也相当简单。WPA-PSK/WPA2-PSK所采用的数据加密算法主要有两种：TKIP和AES。其中，TKIP（temporal key integrity protocol，临时密钥完整性协议）是一种旧的加密标准，而AES（advanced encryption standard，高级加密标准）不仅安全性更高，而且由于其采用的是最新技术，在无线网络传输速率上要比TKIP更快。一般推荐使用AES加密算法。

4. WPA3

WPA3全名为Wi-Fi Protected Access 3，是Wi-Fi联盟于2018年1月8日在美国拉斯维加斯的国际消费电子展（CES）上发布的新一代WiFi加密标准，是WiFi身份验证标准WPA2技术的后续版本。主要改进的地方有以下几点：

- 对使用弱密码的用户采取"强有力的保护"。如果密码多次输错，将锁定攻击行为，屏蔽WiFi身份验证过程以防止暴力攻击。
- WPA3简化了显示接口受限条件，甚至包括不具备显示接口的设备的安全配置流程。例如，用户能够使用手机或平板电脑为一个没有屏幕的小型物联网设备（如智能锁、智能灯泡或门铃等）设置密码和凭证，而不是将其开放给任何人访问和控制。
- 在接入开放性网络时，通过个性化数据加密增强用户隐私的安全性。
- WPA3的密码算法提升至192位的CNSA等级算法，与之前的128位加密算法相比，增加了字典法暴力密码破解的难度，并使用新的握手重传方法取代了WPA2的四次握手，Wi-Fi联盟将其描述为"192位安全套件"。该套件与美国国家安全局的国家商用安全算法（commercial national security algorithm，CNSA）套件相兼容，将进一步保护政府、国防和工业等安全要求更高的WiFi网络。

4.3 无线局域网常见的网络设备

在实际使用过程中，除了小型范围内可以使用纯无线设备，绝大多数还是和有线设备相配合，共同组成无线局域网。

■4.3.1 无线路由器

无线路由器通常作为小型局域网的核心设备，是数据的中转站并为无线局域网提供无线服务。常见的无线路由器如图4-5所示。

图 4-5 无线路由器

在挑选无线路由器时，要根据实际使用情况进行选择，并考虑未来的发展趋势。现在基本上标配就是全千兆口（符合IEEE 802.3ab标准）、支持Wi-Fi 6（符合IEEE 802.11ax标准）的路由器。如果用户仅用于共享上网，且无线终端之间不需要大规模的数据传输，只需选择支持Wi-Fi 5（符合IEEE 802.11ac标准）的路由器。

另外，现在的无线路由器还提供以下功能：接口自动识别，即接口随便插，路由器会自动识别是WAN口还是LAN口；碰一碰连接，使用NFC（near field communication，近场通信）功能，手机触碰路由器就能直接连接；黑名单功能，通过绑定IP地址及MAC地址，赋予其不同的权限，从而实现禁止连网、禁止访问特定网站、限速等功能。此外还有加速、配置克隆、远程管理、添加扩展插件等功能。

在选购无线路由器时，需要注意接口是否为全千兆接口，是否支持Wi-Fi 6或Wi-Fi 5。双频路由器不仅要看总速率，如1 200 Mbit/s，还要看具体的2.4 GHz和5 GHz两个频段下各自的速率，毕竟在使用时每次只能连接一个频段。2.4 GHz频段下信号的穿墙能力强，传播距离长，带宽相对较低；而5 GHz频段下信号的穿墙能力弱，传播距离相对较短，但是传输数据的带宽很高。

■4.3.2 无线AP

无线AP是无线局域网的一种典型应用。无线AP是无线网络和有线网络之间沟通的桥梁，是组建无线局域网的核心设备。无线AP主要是实现无线工作站和有线局域网之间的相互访问，在AP信号覆盖范围内的无线工作站可以通过它进行相互通信，没有AP基本上就无法组建真正意义上可访问因特网的WLAN。AP在WLAN中就相当于发射基站在移动通信网络中的角色。

无线AP不仅指单纯的无线接入点，同时还是无线路由器（含无线网关、无线网桥）等设备的统称。常见的无线AP如图4-6所示。

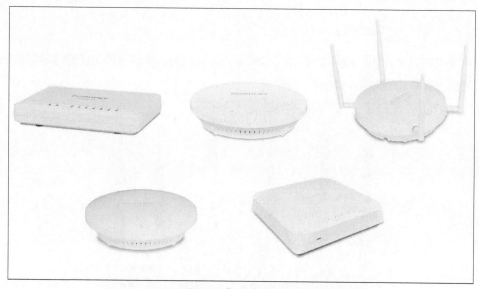

图 4-6 常见的无线 AP

一般无线AP还带有接入点客户端模式，也就是说，无线AP之间也可以进行无线连接，从而可以扩大无线网络的覆盖范围。单纯型AP由于缺少了路由功能，相当于无线交换机，仅仅是提供一个无线信号发射的功能。它的工作原理是将双绞线传送过来的网络信号转换成为无线电信号发送出来，形成无线网络的覆盖。根据不同的功率，其网络覆盖程度也是不同的。一般无线AP的最大覆盖距离可达400 m。

扩展型AP就是常说的无线路由器，可以简单地理解成带有路由功能的无线AP。但是，无线路由器的接口较多，而扩展型AP一般只有一个网线接口，用来连接交换机或者路由器。

无线AP多应用于大型企业，大型企业往往需要大量的无线访问节点以实现大面积的网络覆盖，同时所有接入终端都属于同一个网络，这样也方便公司网络管理员实现网络控制和管理。无线路由器一般应用于家庭和SOHO（Small office, Home office，家居办公）环境网络，这种环境一般不需要太大的网络覆盖面积，使用的用户也十分有限。

1. 无线AP的主要作用

无线AP主要有以下作用：

- **共享**：为接入到无线AP中的无线设备提供共享上网或者无线设备之间的数据通信和共享。
- **中继**：放大接收到的无线信号，使远端设备可以接收到更强的无线信号，扩大无线局域网的覆盖范围，并为其中的无线设备提供数据传输服务。
- **互联**：将两个距离较远的局域网，通过两个无线AP桥接在一起，形成一个更大的局域网。此时两台无线AP是同等地位，不提供无线接入服务，只在两个无线AP之间收发数据。

2. 无线AP的主要分类

一般情况下，无线AP分为两类：一类是扩展型AP，也称胖AP；另一类是单纯型AP，也称瘦AP。

（1）胖AP（fat AP）

胖AP除了能提供无线接入的功能，一般同时还具备WAN口、LAN口等，功能比较全，一台设备就能实现接入、认证、路由、VPN、地址翻译等功能，有些还具备防火墙功能，由此可知，胖AP就是常见的无线路由器。胖AP可以简单地理解为具有管理功能的AP，本身具有自配置的能力，它不只可以存储自己的配置，而且可以执行自身的配置，同时又能广播SSID（service set identifier，服务集标识符）及连接终端的AP。

（2）瘦AP（fit AP）

通俗地讲，瘦AP就是将胖AP进行瘦身，去掉路由、DNS、DHCP服务器等功能，仅保留无线接入部分的功能。瘦AP一般指无线网关或网桥，它不能独立工作，必须配合无线控制器（AC）的管理才能成为一个完整的系统，多用于要求较高的场合，要实现认证一般需要认证服务器或者支持认证功能的设备配合。瘦AP的硬件往往会更简单，多数充当一个被管理者的角色，因为很多业务的处理必须要在AC上完成，这样统一管理比单独管理要方便和高效很多。例如，在大企业或校园内部署无线覆盖，可能需要几百个无线AP，如果采用胖AP逐个设置会非常麻烦，而采用瘦AP可以统一管理和分发设置，效率会高很多。

另外，胖AP不能实现无线漫游，从一个覆盖区域到另一个覆盖区域需要重新认证，不能无缝切换。瘦AP从一个覆盖区域到另一个覆盖区域能自动切换，且不需要重新认证，使用较方便。AC+瘦AP的组网方式现在使用得比较多，一般企业都会选择这种方式，主要是后期的管理维护会方便很多；而胖AP的组网方式一般都是在家庭使用，因为一台AP就能覆盖所有的区域。

3. 常见的AP样式

现在的公共场所，尤其是写字楼或商场，都可以看到无线AP的身影。

（1）吸顶式胖瘦一体AP

吸顶式胖瘦一体AP一般安装在天花板上，如图4-7所示。这类AP提供2.4 GHz和5 GHz两个工作频段，提供千兆接口，可以使用电源适配器供电，不过建议使用PoE供电，这样一条网线就解决了数据和电源的问题。它可以单独使用（胖AP），也可以通过AC统一管理。通过功能调节按钮，可以切换胖瘦工作模式。挑选时，需要查看其工作频段的带宽和带机量。

图 4-7　吸顶式胖瘦一体 AP

（2）面板式胖瘦一体AP

面板式胖瘦一体AP一般安装在墙上，与信息盒类似，如图4-8所示。它通过有线方式连接到交换机中，可以提供有线及无线连接。和吸顶式AP一样，面板式AP也可以调节胖瘦模式，可以使用PoE供电，可以通过AC进行管理。

图 4-8　面板式胖瘦一体 AP

（3）室外AP

在公园、景区、广场、学校等室外环境使用的就是室外AP，这类AP需要带机量高、覆盖范围广、抗干扰强的产品。现在的室外AP，如图4-9和图4-10所示，能提供智能识别、剔除弱信号设备、自动调节功率、自动选择信道、胖瘦一体、支持多个SSID以设置不同的权限和策略等功能。在选购时，需要选择抗老化能力强、工业级防尘防水、散热稳定以及长时间工作稳定性好的产品。另外，还要考虑产品的安装方式、供电方式。有条件的用户在远距离传输时，还可以使用带有光纤接口的室外AP。

图 4-9　室外 AP

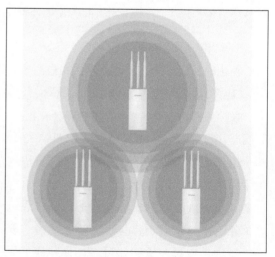

图 4-10　室外 AP

4. 无线AP的选购

在选购无线AP时，需要注意以下几个重要的参数：

- **带机量**：AP的带机量决定了此AP可以接入的设备数量。一般而言，单频无线AP带机量为10～25，双频无线AP带机量为50～70，而高密度无线AP的带机量为100～140。
- **无线规格**：无线终端上网体验与无线AP的规格（传输速率、频段）相关。无线传输速率规格越高，理论上无线上网速率就越佳，另外，5 GHz频段的无线网络体验远优于2.4 GHz频段的网络。例如，某些企业、别墅等环境的部分场景对无线体验的要求比较高，往往这些环境中的无线终端配置也比较高端，所以，在这种环境中应该选择双频AP。

● **供电方式**：AP的供电方式分为DC供电和PoE供电两种。两种供电方式都不会影响设备工作的稳定性，但是相比DC供电，PoE供电方式在布线和安装上更加简单、方便、美观。

● **面板接口规格**：根据实际需要，可以选择单AP、AP+有线、AP+有线+USB等几种面板接口规格。

■4.3.3　无线AC

无线AC主要用于集中化控制无线AP（瘦AP），是瘦AP所必须使用的硬件。它负责把来自不同AP的数据进行汇聚并接入因特网，同时完成AP设备的配置管理、无线用户的认证与管理、宽带访问和安全控制等功能。另外，它还提供DHCP组件、自动信道调整、WPA2安全机制、AP定时重启、AP自动统一升级、AP统一配置和管理、AP批量编辑、AP分组管理等功能，这些也是经常使用的。至于AC的管理模式，可以使用Web管理、串口CLI（command-line interface，命令行界面）管理、telnet管理等模式。

根据无线AC的存在形式，可以分为独立AC和集成AC两种。

1. 独立AC

独立AC指的是单纯的AC控制器，如图4-11所示，只是为了集中管理所有的AP。建议挑选AC的时候，最好选择和使用与AP品牌相对应的产品，这样可以确保最大程度的兼容性，而且可以实现所有的管理和AP集成的功能。

图 4-11　无线接入控制器

AC可以自动发现并统一管理同厂家的AP，对可管理的AP，根据不同设备有不同的带机量。可以采用AC旁挂式组网，这种方式不需要更改现有网络架构，部署方便，如图4-12所示，将AC设备直接连接到交换机上即可使用。

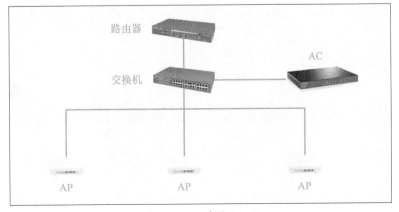

图 4-12　AC 旁挂式组网

独立AC支持的特色功能有：

● 统一配置无线网络，支持SSID与Tag VLAN映射，也就是根据SSID号划分不同VLAN。

● 支持MAC认证、Portal认证、微信连WiFi等多种用户接入认证方式。

● 支持AP负载均衡，均匀分配AP连接的无线客户端数量。这在大场所布置AP时经常使用。AP覆盖范围重叠时，可以进行连接端的透明分流。

● 禁止弱信号客户端接入和踢除弱信号客户端。

2. 集成AC

对于新的网络布设项目，如果想节约资金，也可以选购AC、路由器一体式的网关设备。这种网关设备不仅可以起到正常路由器的路由功能、防火墙功能、VPN功能，还自带AC功能，这样组合，

图4-13　路由器

性价比较高。如果是中小企业使用，若AP较少，还可以使用PoE、AC一体化的路由器，如TP-LINK的TL-ER6229GPE-AC，如图4-13所示。该路由器包含1WAN口+3WAN/LAN+5LAN口，其中8个LAN口均支持PoE供电，符合IEEE 802.3af/at标准，单口输出功率为30 W，整机功率为240 W（用户在使用PoE设备及PoE交换机时，一定要注意计算总功率及查看PoE供电的标准，以防止不匹配而烧坏设备）；内置的AC功能，可以统一管理50台TP-LINK的企业AP，可以实现负载均衡。

■4.3.4　无线网桥

无线网桥，如图4-14所示，顾名思义就是无线网络的桥接，它利用无线传输方式实现在两个或多个网络之间搭起通信的桥梁。无线网桥从通信机制上分为电路型网桥和数据型网桥。无线网桥除具备有线网桥的基本特点之外，还因其工作在2.4 GHz或5.8 GHz的免申请无线执照的频段，因而比其他有线网络设备更方便部署。

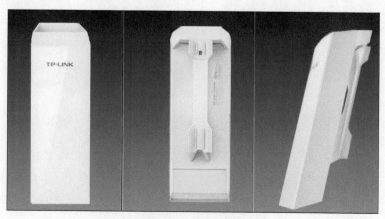

图4-14　无线网桥

现在的无线网桥，根据不同的品牌和性能，可以实现几百米到几十千米的传输。另外，还可以将无线网桥作为中继使用，以实现在无法铺设光纤的情况下进行远距离传输。在很多边远地区，就是使用无线网桥进行信号的布设工作的。无线网桥可以实现一对一和多对一的传输。

1. 无线网桥的主要应用

无线网桥的主要作用就是在不容易布线的地方架设起可以收发信号的装置，如图4-15所示。这样，主网桥就能将信号通过无线传输到子网桥处，从而实现共享上网。

图 4-15　无线网桥通信示意图

除了共享上网、传输数据，无线网桥通常还可用在视频监控方面，如图4-16所示，包括电梯监控，通常也是使用无线网桥，如图4-17所示。

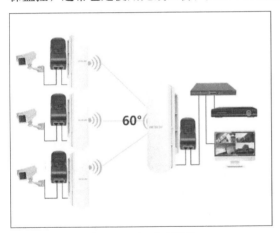

图 4-16　用于视频监控

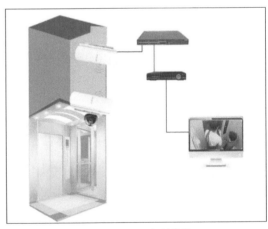

图 4-17　用于电梯监控

此外，在一定范围内，可以通过无线网桥和WLAN技术等实现大型的局域网。如果跨度过大，还可以使用无线网桥实现中继的功能，如图4-18所示。

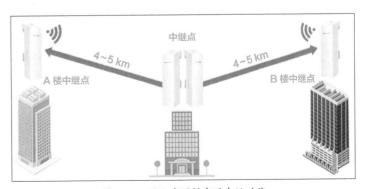

图 4-18　用无线网桥实现中继功能

2. BS与CPE

BS（base station）是指基站，一般在楼顶的就是BS设备。BS一般需外接天线使用，针对不同的应用场景，可接入碟形天线、扇区天线、全向天线。如使用碟形天线进行点对点传输，距离可达30 km，如图4-19所示；如果使用扇区天线实现120°点对多点无线传输，距离可达5 km；如使用全向天线进行点对多点无线传输，距离可达1 km。

图 4-19　碟形天线基站传输信号示意图

现在的BS都可以使用PoE供电，一般可达30 km的传输距离，其外置高功率的独立元器件，支持各种天线，可以实现点对点、点对多点远距离无线传输以及远距离视频监控无线回传。BS的特点是：支持5 GHz高速率无线传输；安装维护都很方便；使用的是专业的室外壳体设计与材质，可适应各种恶劣环境；PoE供电距离可达60 m，可实现故障远程复位；一般都配备Web管理界面，提供丰富的软件功能。

CPE（customer premises equipment，用户端设备）是一种接收WiFi信号的无线终端接入设备，可取代无线网卡等无线客户端设备。它可以接收无线路由器、无线AP、无线基站等发射的无线信号，是一种新型的无线终端接入设备。同时，它也是一种可以将高速4G信号转换成WiFi信号的设备，不过需要外接电源，但可支持同时上网的移动终端数量较多。CPE可大量应用于农村、城镇、医院、单位、工厂、小区等场景的无线网络的接入，能节省铺设有线网络的费用。

CPE因型号不同而有不同的天线技术和不同的传输距离，它可以使用PoE或DC供电，可以在AP和客户端之间快速切换，可以实现一键配对，还可以和BS配合使用，也可以在CPE之间进行数据传输。另外，CPE同样可以使用Web管理界面进行管理。

■ 4.3.5　无线中继器

无线中继器也叫作无线放大器，其实它并不会放大原始信号，仅仅是作为中继，增加网络的覆盖范围。因为无线中继器不仅连接了上级的无线信号，还要给无线终端提供信号，所以在带宽上要降一半。用户使用的普通路由器在改成中继模式后也可以叫作无线中继器。配置简单、安装方便是无线中继器最大的优势，配置时，无线名称和主路由的SSID可以保持一致。至于需要多少个无线中继器，需要根据用户的户型和信号强度来决定。

■4.3.6 无线网卡

和有线网卡相对应，无线网卡用于在无线局域网的覆盖下通过无线连接网络进行上网。换句话说，无线网卡就是使计算机可以利用无线上网的一个装置，但是，有了无线网卡，还需要一个可以连接的无线网络，因此，它需要配合无线路由器或者无线AP使用。

无线网卡的种类较多，如常见的USB无线网卡，如图4-20所示，以及台式计算机使用的PCI-E无线网卡，如图4-21所示。

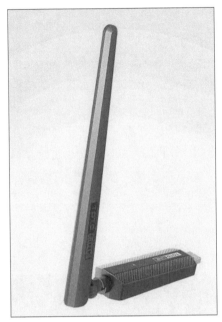

图 4-20　USB 无线网卡

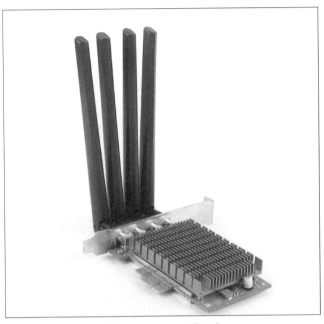

图 4-21　PCI-E 无线网卡

4.4 无线局域网的组建

无线局域网的组建相对于有线网络来说，难度并不高，通常无线网络的组建都需要有线网络相配合。下面介绍几种无线局域网的组建方式。

■4.4.1 常见无线局域网的组建方法

无线局域网只要设备安装到位，通过有线或无线的方式连接到控制设备或网关即可完成组建。

1. 组建无线AP网络

从无线角度来说，以路由器为中心的无线网络和以无线AP为中心的无线网络基本类似，所以可以用各种设备，如无线路由器、便携式计算机的无线网卡、随身WiFi、无线中继器、Mesh设备等，开启无线热点或者AP功能，之后就可以用这些设备来组建无线网络了。

2. 组建无线对等网络

无线对等网络的组建更加简单，只要通信设备有无线功能，就可以通过生成虚拟AP发送和接收信号了。

3. 组建Mesh网络

Mesh网络的建立，只要开启Mesh设备的Mesh功能即可。之后，其他接入设备只需接入Mesh网络中就可以通信了。

■4.4.2 无线网络的配置

下面将根据不同的无线网络类型，介绍其配置方案。关于无线路由器的参数配置，将在后面的小型局域网的管理章节中介绍。

1. 无线对等网的组建和配置

根据无线对等网的定义，可以通过一台设备虚拟出一个无线网络，其他设备加入该网络中即可通信，无须无线路由器的支持。下面以便携式计算机和手机互连为例进行介绍，具体的设置步骤如下：

步骤 01 搜索"cmd"，并选择"以管理员身份运行"选项，如图4-22所示。

步骤 02 输入命令"netsh wlan show drivers"并按Enter键，检测计算机的无线网卡是否支持虚拟成无线AP，如图4-23所示。

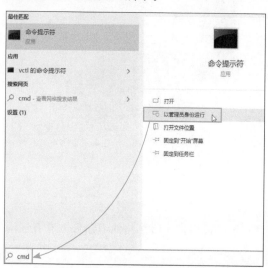

图 4-22　搜索"cmd"并运行

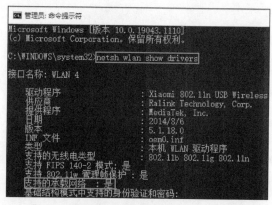

图 4-23　运行命令"netsh wlan show drivers"

步骤 03 使用命令"netsh wlan set hostednetwork mode=allow ssid=test key=12345678"，设置SSID为"test"、密码为"12345678"的虚拟无线AP，如图4-24所示。

图 4-24　使用命令设置虚拟无线 AP

步骤 04 使用命令"netsh wlan start hostednetwork"开启该无线AP功能，如图4-25所示。

图 4-25　使用命令启动无线 AP

步骤 05 此时搜索并进入"网络连接"界面中，可以看到该虚拟的无线AP，如图4-26所示。设置其IP地址，如图4-27所示。

图 4-26 查看虚拟无线 AP

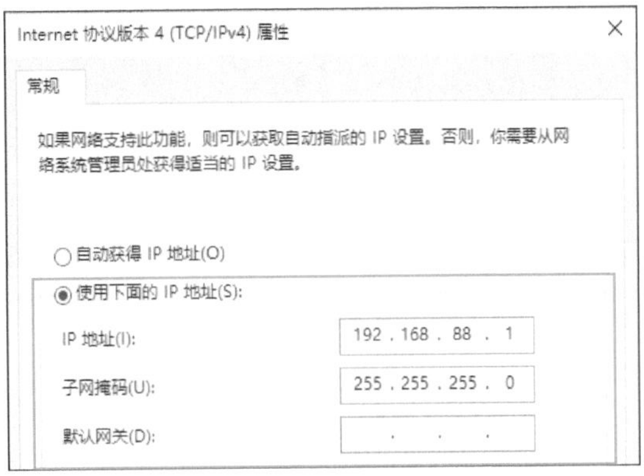

图 4-27 设置虚拟无线 AP 的 IP 地址

步骤 06 使用其他终端设备（如手机）连接到该无线AP后，手动给手机设置固定IP地址，如图4-28所示。完成后，使用计算机ping手机，查看是否可以通信，如图4-29所示。

图 4-28 设置手机 IP 地址

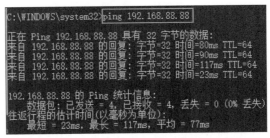

图 4-29 ping 手机

至此，对等网的连接工作就完成了，可通过各种第三方软件实现文件的传递。

2. 无线对等网共享上网

无线对等网的共享上网和有线对等网的共享上网其实是一样的。本例中，便携式计算机使用有线网卡上网，然后为所有连接到虚拟无线的设备代理上网。下面介绍共享上网的配置方法。

步骤 01 进入"网络连接"界面中，在有线网卡上单击鼠标右键，选择"属性"选项，如图4-30所示。

步骤 02 在打开的"以太网 属性"对话框中，切换到"共享"选项卡，勾选"允许……来连接"复选框，并选择共享网卡，完成后确认即可，如图4-31所示。

图 4-30 网卡的属性选项

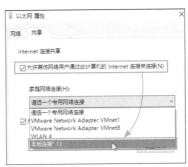

图 4-31 选择共享网卡

步骤 03 系统会提示自动将"本地连接11"这块网卡的IP地址设置成为192.168.137.1，单击"是"按钮，如图4-32所示。

步骤 04 连接该无线网络后，更改手机端的IP地址，也必须在192.168.137.0/24网段中，如图4-33所示，并且将网关和DNS设置为便携式计算机虚拟无线AP的IP地址。

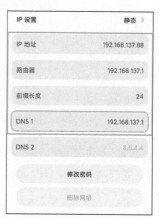

图 4-32　提示信息　　　　　　　　图 4-33　修改手机端 IP 地址

至此，无线对等网的共享上网就配置完成，用户可以使用手机端上网了。

3. 无线热点的配置

配置无线热点，设备必须可以接入到网络中，如便携式计算机可以使用有线上网，手机可以使用热点，然后再用无线网卡生成虚拟的无线网络，其他设备连接后就可以上网了。这有点类似前面介绍的两个功能的综合。手机可以配置无线热点，便携式计算机也可以。以下是便携式计算机热点的配置过程。

步骤 01 当前实验环境是便携式计算机以有线方式连接因特网，用无线网卡创建热点。使用"Win+I"组合键启动"Windows设置"界面，单击"网络和Internet"图标，如图4-34所示。

步骤 02 可以查看到当前的状态是使用有线连接的"以太网专用网络"并已连接到因特网。选择"移动热点"选项，如图4-35所示。

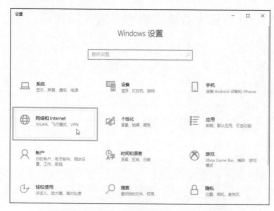

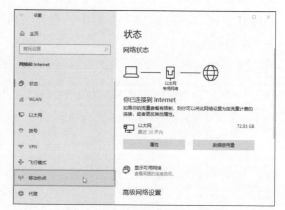

图 4-34　单击"网络和 Internet"图标　　　图 4-35　选择"移动热点"选项

步骤 03 单击"与其他设备共享我的Internet连接"下的"关"按钮，启动热点，如图4-36所示。单击"编辑"按钮，在打开的界面中可更改网络名称和网络密码，如图4-37所示。

图 4-36　启动热点

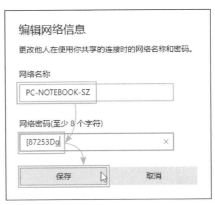

图 4-37　编辑网络信息

此时，热点启动，用户可以通过其他无线终端连接该热点并访问因特网了。

4. Mesh功能的配置

使用Mesh路由器后，需要进行简单的设置，包括主路由器和副路由器。

步骤 01 用计算机连接主路由后，进入配置向导，单击"开始配置路由器上网"按钮，如图4-38所示。

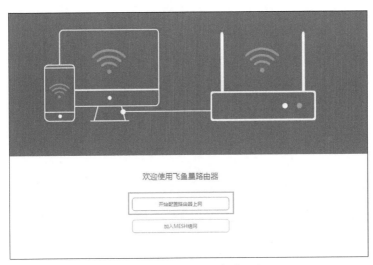

图 4-38　开始配置路由器上网

步骤 02 进行拨号设置，如图4-39所示。

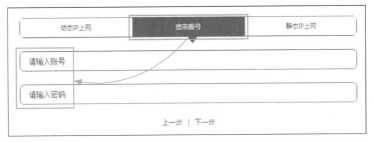

图 4-39　拨号设置

步骤 03 设置WiFi名称和密码，并勾选"开启MESH自组网"复选框，如图4-40所示。

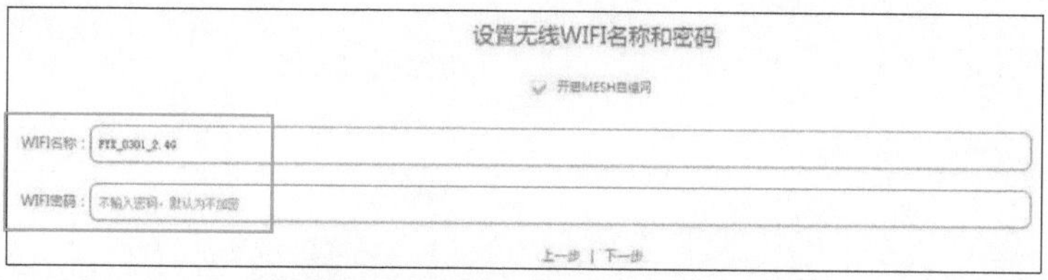

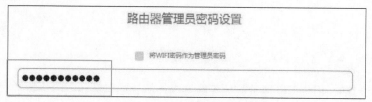

图 4-40　设置无线 WiFi 名称和密码

步骤 04 设置路由器管理员密码，如图4-41所示。

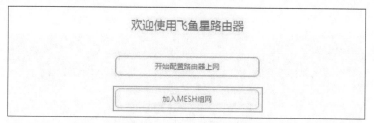

图 4-41　设置路由器管理员密码

步骤 05 接下来路由器会应用配置并重启。继续配置副路由器，在初始界面中，单击"加入MESH组网"按钮，如图4-42所示。

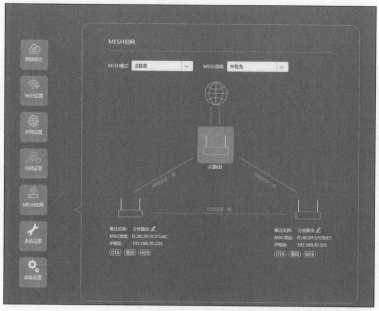

图 4-42　加入 Mesh 组网

步骤 06 路由器会自动搜索并加入其中。完成后，进入路由器管理界面的"MESH组网"中，可以查看到当前的组网状态，如图4-43所示。

图 4-43　Mesh 组网状态显示

不同的Mesh路由器有不同的Mesh组建方法，用户可以参考具体的路由器配置说明或教程，其中会有网页配置、手机APP配置、按键配置和网线直连自动配置等。

按键组网：1 min内分别短按主路由器和副路由器WPS按键，主、副路由器指示灯均变为绿色闪烁；约30 s后，当副路由器指示灯变成绿色常亮时，提示组网完成。

网线直连组网：使用网线连接副路由器的WAN口与主路由器的LAN口；等待10 s，当副路由器指示灯变为绿色常亮时，组网完成。

组网完成后，再等待10 s确认组网稳定后，即可将副路由器重新布放到其他位置。

拓展阅读

建成全球最大规模光纤和4G网络，5G商用全球领先，互联网普及率超过70%。从2015年到2020年，固定宽带家庭普及率由52.6%提升到96%，移动宽带用户普及率由57.4%提升到108%。城乡信息化发展水平差距明显缩小，全国行政村、贫困村通光纤和通4G比例均超过98%。北斗三号全球卫星导航系统开通。

——《"十四五"国家信息化规划》

学习体会

课后作业

一、单选题

1. Wi-Fi 6遵循的标准是IEEE 802.11（   ）。

    A. a   B. n

    C. ac   D. ax

2. 现在最常见的无线加密方式是（   ）。

    A. WEP   B. WPA/WPA2

    C. WPA-PSK/WPA2-PSK   D. WPA3

二、多选题

1. 无线网包括（   ）。

    A. 无线广域网   B. 无线城域网

    C. 无线局域网   D. 无线网

2. 无线局域网的优点有（   ）。

    A. 灵活   B. 便捷

    C. 易于扩展   D. 易于调整

3. 无线AP的主要作用有（   ）。

    A. 共享   B. 拓展

    C. 中继   D. 互联

三、简答题

1. 简述无线AP两种模式的特点及区别。

2. 简述无线AC的两种分类及特点。

四、动手练

按照4.4.2节中的内容，动手设置无线对等网，并使用无线对等网共享上网。

第5章

小型局域网的组建与管理

📖 内容概要

在日常生活和工作中，人们接触最多的就是小型局域网，常见的小型局域网包括家庭局域网和小型企业局域网两种。小型局域网投资小、易搭建、易维护、可扩展性强。随着网络应用的大规模普及，小型局域网得以高速发展，并且朝着专业化的方向迈进。本章将着重介绍小型局域网的组建与管理。

💡 知识要点

家庭局域网的规划。
小型企业局域网的规划。
小型局域网设备的选型。
小型局域网设备的参数配置。
小型局域网的管理配置。

5.1 家庭局域网的规划

局域网在组建前最重要的是进行规划设计。家庭和小型企业局域网的拓扑结构基本一致，一般都使用星形网络拓扑；在设备的选择上，一般偏向于民用级别。

■5.1.1 需求分析

需求分析对任何一项工程而言都是必需和首要的。在需求分析中，对工程目标的确定、新系统的设计和实施方案的制定越细致，后期实施中可能出现的问题就越少。

1. 用户信息

开展需求分析，首先要了解用户的一些基本信息，主要包括：

- **环境信息**：一般家庭用户就需要了解房间布置等基本信息。如果用户家中是布好网线的，那么需要了解信息盒的位置、各信息点的位置等；如果是未装修房屋或需要改造的房屋，需要进行布线，那么需要了解房间数量、房型、墙体材料、走线路径等信息。
- **位置分析**：对于无线设备来说，还应根据房间的位置和穿越的墙数，确定无线路由器的安装位置。
- **现有设备**：了解用户家庭中现有的设备信息——计算机台数及位置、手机数量、智能终端的种类及常用位置等信息，即现有哪些网络设备，还要根据设计目标指出哪些设备需要升级或者更换。
- **组网范围**：一般家庭在一套房屋中进行组网，但也有跨楼层连接、邻居间的互连，以及在别墅、复式建筑或者几层楼之间组建局域网的情况。

2. 用户需求

用户需求是指本次规划设计是为了满足用户的哪些需要和要求。一般家庭用户对网络大致存在以下要求：

- **访问因特网**：家庭网络组建的最重要目标就是家庭中的各设备（如计算机、手机、平板、智能电视等）都可以访问因特网，可通过因特网播放电影、查看资料、进行在线语音视频和游戏等，并要求多名家庭成员可以在同一时间访问因特网且互不影响。
- **共享资源**：如果用户有共享资源的访问需求，可以考虑不同的共享方式。如访问计算机硬盘中的各种文档、视频、照片、影视等共享资源方式；访问NAS网络存储设备（可以用专业的NAS设备，也可以用计算机实现）的方式。无论哪种共享方式，都是为了方便家庭中各终端能够随时访问存储的资料。
- **联网游戏**：需要考虑网络延时、无线信号的强度、穿墙的衰减等，可以选择一些带有游戏加速功能的路由器。
- **网络控制**：可以对局域网联网设备进行控制，避免网速过慢、儿童偷偷上网以及被蹭网等情况发生。
- **无线质量**：无线路由器信号要好，网速要快，避免经常掉线、无信号、不稳定等情况发生。
- **操作简单**：无论是路由器还是其他设备，在设置操作中需要更加简单，这样出现问题也容易处理。

- **专业需求**：随着人们生活水平的提高，一部分专业用户可能会有一些专业的需求，如专业游戏设备、VR设备、智能家居联网设备、安全防护设备等。

3. 预算经费

预算经费主要决定了设备的档次、质量、功能，甚至影响整个局域网的组建，所以在前期一定要明确。

■5.1.2　规划注意事项

在规划的过程中，需要满足和注意以下事项。

1. 组建目标

要结合需要，明确家庭局域网系统的建设目标，形成最优方案。

2. 完成网络设计

家庭局域网的网络设计需要满足以下几点。

- **功能性**：需要结合用户提出的要求，经过分析后，设计出用户需要的网络。没有了功能性就谈不上网络设计了。
- **可靠性**：主要表现在连接互联网的速度和稳定性上，这主要取决于用户选择的无线宽带路由器的质量。另外在布线时，需要选择合格的网线产品，并进行专业安装。
- **性能**：家庭局域网设备基本上能满足用户对性能的需求。但是对于游戏级用户来说，低延时依然是主要的性能指标。除了要求设备的转发能力要达到要求，对于宽带本身，选择合适的运营商也非常重要。
- **可扩展、可升级性**：家庭局域网的可扩展与可升级性需求比企业级局域网要求低一些，但是在基础布线和网络产品的选择上，应该根据网络发展趋势选择更先进的产品。
- **易管理、易维护**：考虑到家庭局域网产品的维护基本都是由用户自己完成，所以在产品的易管理和易维护方面要综合考虑，设置复杂、易出错的产品尽量不要使用。
- **安全性**：家庭局域网的安全性问题主要表现在系统漏洞、人为损坏和设备故障上，尤其要防范因计算机木马、计算机病毒等导致个人隐私泄露的情况发生。
- **美观**：现在家庭用户往往比较注重家庭环境的美观，因此，在布线或后期改造走线时，需要考虑美观的要求。现在大部分家庭局域网都是以无线为主。

3. 形成文案

将以上信息形成文案，包括设备、选型、价格信息等。如果需要进行网络施工，那么还需要施工图、报价等信息。

5.2　小型企业局域网的规划

小型企业局域网的有线设备大约在几十台，介于家庭网络和中型企业局域网之间，并且共享了很多的资源，有些还有服务器、核心交换机等设备，且设备本身的安全性也要较家庭局域网设备高很多。小型企业局域网的设备种类更偏向于网络设备的专业性及办公用途方面，更注重成本问题，追求性价比最大化。

■5.2.1　规划原则

小型企业局域网通常规模都不是太大，结构相对简单，网络拓扑基本同家庭局域网差不多，但对性能方面的要求则因应用的不同而差别较大。

1. 平衡需求与性价比

购买成本与使用成本一直都是小型企业最为关注的问题。一般在满足企业需求后，尽可能节约成本是主要原则。

2. 先进性与易用性

先进性需要良好的技术支持与投入。小型企业技术人员较少，所以在实际设计中，要求在满足企业日常运行后，整个系统尽可能简单、可靠、易用。

3. 具有升级与扩展能力

在小型企业中，选购产品时需要结合企业发展趋势，留有合适的冗余，在企业需求增加时可以用最小的成本实现扩展要求。

4. 具有一定安全性

与家庭局域网相比，企业级局域网都比较重视安全性问题，在局域网中需要制定一套安全保障机制与故障应急预案。

5. 产品功能与需求匹配

80%的小企业用户通常只用到局域网20%的功能。精简功能设计的产品不但可以在满足大多数需求的情况下有效降低成本，而且能够提高系统的稳定性和易维护性。所以在设备功能、选型、售后、技术服务方面，一定要以企业的需求为根本出发点。

■5.2.2　需求分析

小型企业局域网的需求一般会因企业的性质、公司规模和经营方向的不同而有所不同，但是，基本的硬件配置都是需要的。

1. 网络结构简单

小型企业局域网一般在50个节点左右，是一种结构简单、应用较少的小型局域网。这种网络通常由少数多口接入级交换机以及一个核心交换机或企业级路由器组成，没有汇聚层交换机，有些还可能是一个没有层级结构的、仅由交换机作为核心的纯局域网环境。它的网络结构一般为星形结构，但跨楼层的也有可能采用混合网络结构。所以设备选择尽量与人员配置相符，略有冗余即可。

2. 技术应用需求

通常小型企业局域网中需要的技术包括以下几种：

- **共享技术**：也包括网络存储技术，将工作资料安全存放、共享、发布、协同办公等。
- **无线技术**：无线网络不仅在家庭和公共场所比较常用，在企业中的应用也越来越广泛。因为小型企业的办公室一般不会太大，所以使用无线路由器的无线网络功能即可，有条件的也可以采用企业无线AP方案。无线技术对于添加新设备有很好的冗余作用。

- **安全技术**：安全是所有企业都比较重视的问题。在企业中，除常用的防毒、杀毒等单机防护外，小型企业还可能会考虑软件防火墙技术和局域网计算机管理软件。
- **服务器技术**：一般小型企业局域网中，可能会使用到Web服务器，用于对外发布企业信息；可能会使用FTP服务器实现文件传输、共享等；有的可能还会使用OA（office automation，办公自动化）服务器，用于发布工作任务、实现办公协作等功能。
- **监控技术**：通过监控主机和网络摄像技术，可以提高企业的安全等级。
- **智能会议**：包括使用智能投影仪、智能演示文档、远程电视电话会议等。
- **远程访问技术**：为实现公司员工在不同地域对内部网络的访问，需要使用VPN功能。

3. 核心设备选型

出于实际需求和成本考虑，不必追求高新技术，只需采用最普通的双绞线千兆核心交换机连接、百兆位到桌面的以太网接入技术即可。虽然当前的以太网技术可以达到1 000 Mbit/s或者10 Gbit/s的传输速率，但具有这样高带宽的设备相对于小型企业局域网来说不具价格优势，而且在这类企业网络中可能也用不上。由于用户数相对较少，网络应用比较简单，所以在这类企业网络中，核心交换机只需要选择普通的100 Mbit/s设备即可。当然，有条件和需求的企业也可选择千兆以太网端口交换机。但无论哪种选择，都应以最大限度地节约企业投资为目标。如果核心层交换机选择的仅是普通的100 Mbit/s快速以太网交换机，在网络规模扩大、需要用到千兆位连接时，原有的核心交换机可降为汇聚层或边缘层交换机使用；而如果核心交换机选择的是支持千兆位连接的，在网络规模扩大时仍可保留其在核心层使用。

4. 软件类设备较多

在这类企业网络中，出于成本和应用需求考虑，对于那些价格昂贵而又对网络应用实际影响不是很大的路由器和防火墙，可以采用软件类型。与因特网连接方面，可以采用路由器或者采用软件网关和代理服务器方案。当然，有条件或有需求的企业也可以选择入门级的边界路由器方案，这类路由器可以支持更多的因特网接入方式，也可以支持无线设备的上网需求。防火墙产品通常也是采用软件防火墙。打印机可以采用普通的串/并口打印机并使用计算机发布共享，条件允许的情况下可以选择网络打印机。

另外，小型企业局域网也没有必要配备专业的服务器、机柜、UPS等。出于成本考虑，一般使用普通计算机安装服务器程序，配置后即可作为服务器使用，有必要的话也可以发布到外网中。另外，普通计算机也可以作为监控主机使用，从而节约一部分资金。

5. 适当考虑网络扩展

成长较快的企业，通常只需一两年，网络规模和应用就会发生非常大的改变，所以在选择网络设备时要充分考虑到网络的扩展。网络扩展方面的考虑主要体现在交换机端口和所支持的技术上。在端口方面要留有一定余地，不要选择只能满足当前网络节点数端口的交换机，如目前只有50个用户，则至少选择总端口数在60个甚至更多的交换机；在技术支持方面，最好选择支持千兆位以太网技术的交换机，至少要有两个以上的双绞线千兆位以太网端口，最好选择支持光纤模块接口的企业级交换机，以便扩展。

6. 投资成本要尽可能低

由于这类企业自身的经济实力一般较弱，所以在网络上的成本投资一般比较少。这就要求在进行方案设计时要充分考虑投资成本，在满足企业网络应用和未来发展的前提下，尽可能降低成本，使所选方案具有较高的性价比。

因为用户数较少，从经济角度考虑，应尽可能选择端口数多的交换机。例如，企业用户在30个左右，则不必选择两台24口的交换机，而最好选择一台48口的交换机；对于用户数在50个左右的网络，最好采用分层结构，而且核心交换机的端口数也不必太多，最好提供两个或两个以上的光纤接口；对用户数达到40个或40个以上的网络环境，在网络的核心层可选择支持千兆位以太网的交换机，在边缘层同样可采用普通的快速以太网交换机。

■5.2.3 规划注意事项

了解企业对局域网的要求后，接下来就可以进行总体规划了，在规划时需要注意以下问题。

1. 小型企业局域网网络结构

小型企业局域网的结构比较简单，可以是多层复合型的网络结构，也可以是单层简单的星形结构。

2. 子网划分

一般小型企业局域网不需要进行子网划分，但为了保障安全性，在财务、人事等多台计算机需要联网且必须保证安全性的情况下，可以为这些计算机与普通工作用计算机分别划分不同网段的IP地址，互相之间进行隔离，以保障安全性。例如，将普通工作用计算机设置为192.168.1.X网段，将财务用计算机划归192.168.88.X网段，其余以此类推即可。

3. 完成规划并提交

完成以上步骤后，将建设目标与要求、网络拓扑图及IP地址和子网划分、设备选型及价格、使用的技术标准及实现方法、施工图、施工计划、交付标准、预算资金等形成文字报告，及时与企业进行沟通，最终形成双方满意的方案并签订合同，方可开始后续的实施。

5.3 小型局域网的常用设备及选型

小型局域网的设备需要根据不同的设备数量和所需功能进行选择。

■5.3.1 家庭局域网的设备选择

家庭局域网设备的选择比较简单，重点是路由器的选择。

1. 无线路由器

在家庭局域网中，路由器是最重要的设备，随着家庭网络向无线方向的发展，在选择上，首选就是无线路由器。在路由器的选择上，应该以千兆网口、双频传输、配置简单、维护容易等为主要选择要点。下面介绍一些具备家庭局域网常用功能、口碑比较好的路由器产品。

（1）华为AX3 Pro

华为AX3 Pro路由器如图5-1和图5-2所示，该路由器是华为公司针对家庭用户推出的支持Wi-Fi 6的路由器，非常适合家庭用户使用，且功能强大，信号稳定，其主要特点介绍如下。

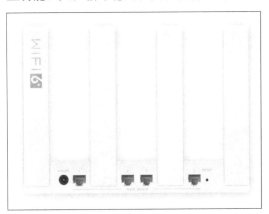

图 5-1　华为 AX3 Pro 产品图（正面）　　　图 5-2　华为 AX3 Pro 产品图（背面）

AX3 Pro支持160 MHz超大频宽，搭配华为Wi-Fi 6+手机，其速度比传统的80 MHz频宽的路由器提升近一倍（相同的MU-MIMO数）。AX3 Pro使用了华为自研的四核1.4 GHz凌霄650芯片，有高达12 880 DMIPS（测整数计算能力的计算单位）的算力，并且配备256 MB运行内存和128 MB机身内存。在无线频率上，AX3 Pro支持2.4 GHz和5 GHz双频，并发速度可达2 976 Mbit/s，具体为：2.4 GHz的574 Mbit/s支持4并发，5 GHz的2 402 Mbit/s支持16并发。另外，加上Wi-Fi 6智能分频功能，接入设备总数可达128个。

配置方面，该路由器提供了4个10/100/1 000兆以太网WAN/LAN自适应口，使用鸿蒙操作系统（HarmonyOS），支持穿墙、标准、睡眠3种模式。管理方面，该路由器支持华为智慧生活APP本地/远程管理，支持设备限速QoS，支持自动识别业务流的智能QoS。安全方面，AX3 Pro内置HUAWEI HomeSec™安全防护，支持WiFi防暴力破解、WiFi防蹭网、摄像头安全防护。此外，该路由器还支持802.11kv协议、PPPoE/DHCP/静态IP/Bridge上网方式、NFC一碰连、智能检测、网口盲插、游戏加速、远程控制、WiFi定时开关、客人WiFi、WPA3、儿童上网保护、DMZ/虚拟服务器等。

（2）TP-LINK AX3000

TP-LINK AX3000路由器如图5-3和图5-4所示，该款路由器支持全新一代满血Wi-Fi 6，性能强悍。它支持160 MHz超大频宽，配合支持160 MHz频宽的手机使用，可使手机上网速率直接翻倍。该路由器在2.4 GHz和5 GHz频段均支持DL/UL OFDMA（down link/up link orthogonal frequency division multiple access，下行/上行正交频分多址接入）技术，在多用户上网环境下均可大幅改善每一位用户的平均传输率，大幅降低时延。

该款路由器支持路由/AP（有线中继）/桥接（无线中继）3种模式，用户可根据不同的上网需求选择对应的模式，通过简明易懂的软件界面，一键就可实现灵活切换，满足不同场景的组网需求。它有全千兆有线端口，支持盲插；支持双WAN口，支持两条宽带同时接入，线路间支持负载平衡；含有链路聚合端口，可使带宽翻倍，适合NAS等设备的高速数据传输。另外，它还配备游戏专用端口，可实现游戏数据的优先转发。

图 5-3　TP-LINK AX3000 路由器（正面）

图 5-4　TP-LINK AX3000 路由器（背面）

该款路由器还支持Mesh组网技术，易扩展，方便实现复杂户型的一键互联；它还支持IPv6、WPA3、设备管理（设备信息查看、实时网速检测、速度限制、上网时间管理、禁用设备设置等）、无线桥接、信号调节、MAC绑定、虚拟服务器、无线设备接入控制、自动清理等。

2. 计算机网卡

计算机网卡需要与家中使用的路由器的标准相匹配。如果是普通的百兆网，那么无须更换设备，而如果需要达到路由器有线千兆的网络传输速度，就需要网卡也必须支持IEEE 802.3ab标准。现在的计算机主板自带的网卡基本上支持10 M/100 M/1 000 M自适应。如果是100 M网卡或者网卡损坏，可以选择PCI-E接口的独立网卡。

3. 网线及跳线

当路由器和网卡均支持1 000 Mbit/s的速度后，最关键的是网线也应该支持1 000 Mbit/s的传输速度，才能最终实现局域网内千兆网速。网线需要支持1000-BASE的标准，应该选择超5类及以上的网线，而且要8根线全部使用才可以。当然，超5类网线支持的效果不是特别稳定，如果家庭使用，应该尽量选择一些支持6类及以上标准的网线。

专业用户可以手动制作跳线，但如果是普通的家庭用户，可以选择购买成品跳线连接设备，以防止由于手工制作原因造成网线不符合标准，最终导致网速较低或者出现网络问题。

4. 交换机

家庭局域网交换机主要是起增加连接端口，也就是集线的作用，以便连接家庭局域网中的更多有线设备，如监控系统的有线网络摄像机设备、网络音箱设备等。家庭交换机并不需要企业级交换机那样的智能性，能够增加端口且速度达标即可。

这里介绍TL-SG1008D交换机，它是由TP-LINK公司生产的8口千兆交换机，如图5-5所示。

图 5-5　TP-LINK 8 口千兆交换机

该交换机的特点有：

● 提供8个10/100/1 000M自适应的RJ-45端口，所有端口均可实现线速转发，支持MDI/MDIX两种模式自动翻转及双工/速率自协商。

● 即插即用，无须管理。

● 支持IEEE 802.3x全双工流控和Backpressure半双工流控，支持MAC地址自学习，支持全双工工作模式。

● 采用全钢材壳体，能更好地屏蔽干扰；强劲散热性能可保证机器稳定运行，寿命长久。

■5.3.2　小型企业局域网的设备选择

小型企业网络可以采用部分家庭局域网所使用的设备，如路由器、网卡、网线等，也可以根据资金情况采用入门级的企业网络设备。当然，企业使用的网络设备和办公设备还有很多，下面将对主要的网络设备进行介绍。

1. 小型企业局域网路由器的选择

小型企业局域网可以采用性能相对较好的家庭用路由器，当然，使用入门级企业路由器更好，可达到安全性与功能性的双重要求。

（1）TL-XVR6000L

该路由器如图5-6和图5-7所示，主要特点有：

● 11AX双频并发，最高无线速率可达5 952 Mbit/s，更高带机量。

● 支持OFDMA、MU-MIMO、160 MHz频宽等 Wi-Fi 6 新特性。

● 1个2.5 G WAN/LAN可变口，外接高宽带/内网传输，灵活两用。3个千兆WAN/LAN可变口，1个千兆LAN口，支持多宽带混合接入。

● 支持AP管理、认证、DDNS等企业级软件功能。

● 支持IPSec、L2TP、PPTP多种VPN功能，保证用户数据安全。

● 支持应用限制、网站过滤、智能带宽、网页安全、访问控制列表等上网行为管理。

● 支持ARP防护、DoS（denial of service，拒绝服务）攻击防护、扫描类攻击防护等多种网络安全功能。

● 支持TP-LINK商用网络云平台/APP集中管理。

| 图 5-6 TL-XVR6000L 路由器（正面） | 图 5-7 TL-XVR6000L 路由器（背面） |

（2）TL-R479GP-AC

该路由器如图5-8所示，主要特点有：

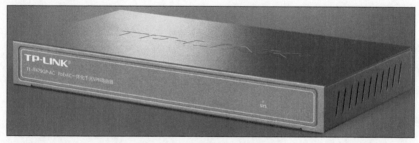

图 5-8 TL-R479GP-AC 路由器

- 9个千兆网口，1WAN+8LAN。
- 内置无线控制器，可统一管理TP-LINK AP产品。
- 所有LAN口支持标准PoE供电，不需要额外购买PoE交换机。
- 支持IPSec/PPTP/L2TP VPN，远程通信更安全。
- 接入认证（Web认证、短信认证、PPPoE服务器）。
- 上网行为管理（移动APP管控/桌面应用管控/网站过滤/网页安全）。

2. 小型企业局域网交换机的选择

小型企业根据有线终端的数量，可以选择24口或48口的交换机。考虑到企业以后的发展，建议选择多一些端口的交换机。从端口速度来说，只是满足上网功能的，可以选择100 M的交换机；如果企业内部就有大量的数据交换，建议选择1 000 M接口的交换机。

（1）TL-SG3452

TL-SG3452交换机如图5-9所示，该交换机是一款全千兆网管交换机。

图 5-9　TL-SG3452 交换机

该交换机的特色有：

- 48个10/100/1 000 Base-T RJ-45端口，打造高速内网环境。
- 4个独立千兆SFP（service fibre port，光纤服务端口）端口，可以通过加入光模块，用光纤与远端设备进行连接。
- 支持智能开机，自动配置组网，拓扑图形化展示。
- 支持四元绑定、ARP/IP/DoS防护、802.1X认证。
- 支持IEEE 802.1Q VLAN、QoS、ACL（access control list，访问控制表）、生成树、组播。有效消除二层环路，实现冗余备份、负载均衡等功能。
- 支持端口安全、端口监控、端口隔离。支持IP、MAC、VLAN和端口绑定，对数据包进行过滤。支持ARP攻击防护、MAC欺骗防护、IP欺骗防护等。
- 支持云管理、Web网管、CLI命令行、SNMP。

（2）TL-SG3452P

如果要组建的小型企业局域网中，还有大量的监控摄像头和各种AP的话，可以选择TL-SG3452P交换机，如图5-10所示。该交换机支持PoE供电，可以远程为不方便取电的终端提供电能。

图 5-10　TL-SG3452P 交换机

该交换机的特色有：

- 48个10/100/1 000 Base-T RJ-45端口（支持PoE+供电）。
- 4个独立千兆SFP端口。
- 整机最大PoE供电功率达396 W，单端口最大PoE供电功率为30 W。
- 支持四元绑定、ARP/IP/DoS防护、802.1X认证。
- 支持IEEE 802.1Q VLAN、QoS、ACL、生成树、组播、IPv6。
- 支持端口安全、端口监控、端口隔离。
- 支持Web网管、CLI命令行、SNMP。

该交换机的其他特色同上面介绍的TL-SG3452，在PoE方面该交换机具有：

- PoE机型支持PoE+供电，遵循IEEE 802.3af/at标准，满足安防监控、电话会议系统、无线覆盖等场景PoE供电的需求。
- 支持在Web网管界面设置基于用户自定义的时间段控制PoE端口供电。
- 支持在Web网管界面配置PoE端口优先级，当剩余功率不足时优先保障高优先级端口的供电。
- PoE机型每端口PoE输出功率最大可达30 W，是用户可以在Web网管界面设置端口可提供的最大功率。

3. 小型企业局域网服务器的选择

小型企业局域网有可能需要Web服务器、FTP服务器、OA服务器以及其他作为存储中心的服务器（可以使用NAS设备，但使用服务器更加稳定）。用户可以选择的服务器很多，鉴于小型企业局域网的数据通信量相对不高，可以选择DELL的PowerEdge T140塔式服务器，如图5-11所示。用户可以根据需要选择不同的硬盘容量配置。

图 5-11　DELL 塔式服务器

该服务器的特色有：

- 全新BOOT卡，提供两个M.2接口用于系统托管，并可以组建RAID 1进行系统防护。
- 能流畅运行金蝶、用友等ERP软件、办公OA软件、文件共享服务器等。
- 集中存储重要文件，通过磁盘阵列保护企业数据安全。
- 通过赋予用户权限，即设置不同级别的读写权限，实现企业重要资料的安全管理。
- 7×24 h不间断运行，可以随时使用远程软件进行管理。
- 配备高主频ECC（error control code，差错控制码）纠错内存。

你学会了吗？

5.4 小型局域网的设备连接和设备配置

小型局域网的设备连接比较简单，只需参考拓扑图和设备说明连接即可。下面分别介绍常见的家庭局域网和小型企业局域网的设备连接和配置方法。

■5.4.1 家庭局域网的设备连接

家庭局域网的设备连接可以按照拓扑图进行，图5-12所示为常见的家庭局域网设备拓扑图。

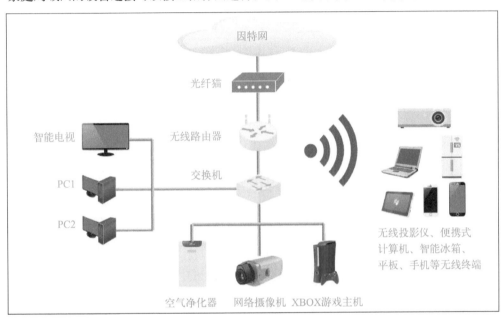

图 5-12　家庭局域网拓扑图

对于组建家庭局域网，一般在光纤入户后会接入光纤调制解调器（俗称"光纤猫"）中，用户需要连接的设备就是从光纤猫开始的。

1. 光纤猫和路由器的连接

光纤猫一般都有LAN口或者叫作千兆口，如图5-13所示，将该口连接到路由器的WAN口（如图5-14所示，有些设备上也叫作INTERNET口）上即可完成光纤猫和路由器的连接。如果路由器是自动识别的，那么插哪个口都可以。另外，光纤猫上有可能有iTV（interactive television，交互式电视）接口，这是连接电视用的，不要接在该接口上。

图 5-13　光纤猫的 LAN 口

图 5-14　路由器的 WAN 口

因为网线支持热插拔，所以设备通电与否都可以用跳线连接。

2. 无线路由器与交换机的连接

如果仅是几个房间的网线需要连接，可以直接连接路由器的LAN口。如果信息点过多，就需要使用交换机了。无线路由器和交换机的连接比较简单，用跳线将图5-14中无线路由器的LAN口与交换机的"Uplink"（上行）口连接即可。没有该口的，也可以直接连接到交换机的LAN口。若交换机没有标出LAN口，就接入数字接口即可，如图5-15所示。

图 5-15　交换机的接口

3. 交换机与信息点的连接

将提前布置好的所有信息点的网线全部接入交换机的LAN口中即可。

4. 信息点与设备的连接

信息点与终端设备如电视、计算机等连接时，只要使用网线连接信息点所在信息面板的网络口（如图5-16所示）与计算机等设备的RJ-45网线接口（如图5-17所示）即可。

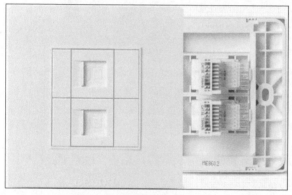

图 5-16　信息面板上的网络口

图 5-17　计算机上的网线接口

5. 信息盒中的设备布置与无线路由器的位置

一般来说，所有弱电线都会在信息盒中汇总，包括入户的光纤，如图5-18所示。信息盒的布置根据用户所使用的设备安放即可，记得预留强电的接口，以便给路由器和交换机供电。

需要根据实际环境确定路由器的位置。无线路由器的放置方法大致有如下3种。

一种方法是将无线路由器放置在信息盒中。这种方法的好处是，在房间数量较少的情况下，只需使用一台无线路由器就可以连接所有信息点了；它的缺点是，如果信息盒屏蔽效果非常好，那么无线信号就会比较弱。

另一种方法是在客厅到信息盒间布置两条6类线，将路由器放置在客厅，接法和上面介绍的方法一样，只不过此时必须有交换机的支持才行。这种方法的优点是无线信号优于放在信息盒中的，缺点是需要交换机，且需要提前在客厅和信息盒间布置两根网线。

最后一种方法是在客厅等位置使用无线吸顶AP，如图5-19所示，再将它连接到信息盒的AP控制器中，这种方式效果好但是投入较大。

图 5-18　弱电信息盒

图 5-19　无线吸顶 AP

■5.4.2　无线路由器的设置

家庭局域网中重点要设置的是无线路由器，主要设置上网方式和无线的相关参数。下面介绍具体的设置方法。

步骤01 启动无线路由器，如图5-20所示，用手机连接路由器的无线信号。无线信号名称可以查看路由器背部的说明。连接完毕后，有些路由器需要安装APP才能进行配置。APP安装后会提示发现新设备，点按"立即配置"按钮，如图5-21所示。

步骤02 选择路由器的工作模式，这里点按"创建一个Wi-Fi网络"选项，如图5-22所示。

图 5-20　无线路由器

图 5-21　用手机配置路由器

图 5-22　选择安装方式

步骤03 此时路由器会自动检测当前的上网方式，一般是PPPoE，即宽带账号上网，点按该选项，如图5-23所示。

步骤04 输入运营商提供的宽带账号和宽带密码，点按"下一步"按钮，如图5-24所示。

步骤05 设置无线网络的名称和密码，点按"下一步"按钮，如图5-25所示。

图 5-23　选择上网方式

图 5-24　输入帐号[①]密码

图 5-25　设置 Wi-Fi 的名称和密码

步骤 06 设置路由器的登录密码，如图5-26所示。

步骤 07 设置完成后，点按"连接Wi-Fi"按钮，完成无线路由器的配置并连接无线网络，如图5-27所示。

图 5-26　设置路由器登录密码　　图 5-27　路由器配置完成

■5.4.3　家庭局域网的管理

通过设置路由器的策略可以对家庭局域网进行各种管理，具体步骤如下：

步骤 01 打开路由器对应的手机APP工具，可以查看到当前通过有线和无线方式连接到路由器的所有终端设备，如图5-28所示，点按任意一台设备，可以进入高级设置功能界面。

---

①正确的写法应为"账号"，这里写为"帐号"是为了与软件显示内容保持一致。

步骤 **02** 进入高级设置功能界面后，可以查看到很多选项，如图5-29所示。

图 5-28 路由器 APP 界面   图 5-29 高级设置功能界面

- 如果是不明设备，可以点按"加入黑名单"按钮，拒绝其连接路由器。
- 如果家中有儿童，可以点按"上线提醒"按钮，设置家中儿童连接路由器时通知用户。
- 如果允许该设备访问路由器硬盘内容，可以点按"全盘访问"按钮。
- 如果需要对该设备的网速进行管理，可以点按"智能限速"按钮，然后在下方通过拖动滑块的方法调整设备的最大上传、下载速度。

步骤 **03** 上一步中，加入黑名单的作用是不允许用户连接到路由器。在主界面中，点按"禁止联网"选项，可以进入相应的设置界面，如图5-30所示。"禁止联网"选项的作用是不允许设备连接外网，也就是因特网，但是允许其访问局域网内的资源。

步骤 **04** 点按"定时断网"选项，并加入时间段信息后，可以使该设备在设定的时间段内不能连接到因特网，这样就能够很容易地实现对青少年上网行为的限制，如图5-31所示。

图 5-30 "禁止联网"设置   图 5-31 设置"断网时间"和"恢复时间"

步骤 05 在高级设置功能界面中，点按"访问控制"选项，在打开的界面中，可以选择"网址黑名单"选项并输入网址信息，这样，用户在使用该设备访问因特网时，将不能访问已加入黑名单中的网址，如图5-32和图5-33所示。

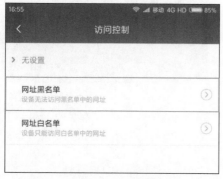

图 5-32　访问控制

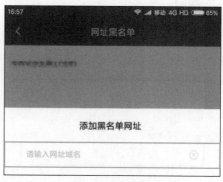

图 5-33　添加黑名单网址

同理，选择"网址白名单"选项并输入网址后，用户上网时仅可以访问白名单中的网址。

好友WiFi：加微信好友就可以联网，如图5-34所示。

红包WiFi：给路由器主人增加收益，如图5-35所示。

图 5-34　好友 WiFi

图 5-35　红包 WiFi

此外，还有文件下载防火墙、恶意网址防火墙、信息泄露防火墙、磁盘病毒查杀、防蹭网功能等，如图5-36和图5-37所示。

图 5-36　安全中心

图 5-37　防蹭网

■5.4.4 小型企业局域网设备选型及特点

本节以一个经典的小型企业局域网环境为例，介绍其网络拓扑和组网方案。

一家小型公司，办公室面积约200 m²，配有计算机30台、服务器1台、打印机1台、无线终端数量约50个、PoE网络摄像机4台，以后可能会增加PoE无线AP，外接300 M的电信网络。现需要组建小型局域网，实现共享上网、计算机共享文件，且需要实现对局域网的管理，可以从应用层面进行限制。经过规划，该局域网的网络拓扑图如图5-38所示。

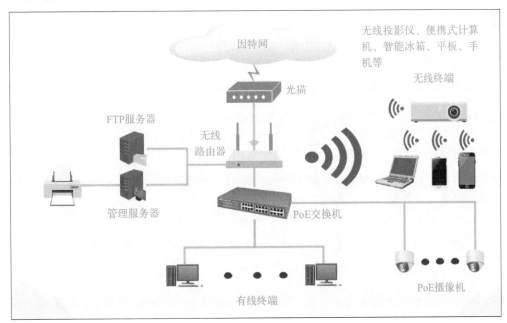

图 5-38 小型企业局域网拓扑图

在本方案中，设备的选择思路和方案的主要优势如下所述。

1. 核心由单无线路由器构成

考虑到办公室面积不大，无线设备数量也不多，使用单个无线路由器即可满足要求。这里使用的是TL-XVR6000L路由器，它自带网络控制功能，而且其2.5 G接口可以连接FTP服务器，可用于高速传输文件。如果以后使用了无线AP，该路由器本身还支持无线AP的管理功能，可以方便地对AP进行配置。

2. 核心交换机带有PoE

考虑到用户本身有PoE摄像机，且后期有可能增加PoE无线AP，因此在交换机方面使用了支持PoE供电的TL-SG3452P 48口交换机，正好满足整个局域网的有线终端数量且略有富余。

3. 增加服务器

之前就有的服务器可作为打印服务器和PoE网络摄像机的管理服务器，用于存储录像等。再增加一台服务器，配置硬盘后做成磁盘阵列，用于存储公司重要文件，也可以作为FTP服务器，以后有需要的话还可以做成Web服务器。

4. 可靠的网络防护

办公环境相比家庭，对网络安全的要求不同。本例中采用的设备支持ARP双重防护，有DoS攻击、扫描类攻击、可疑包攻击防护功能和MAC地址过滤功能，能有效保障企业网络的安全。

可设置多个SSID，是哪个部门就用哪个WiFi。可对各个WiFi之间进行隔离设置，确保各个部门之间的信息隔离；同时可在同一个信道内部进行隔离设置，实现员工与员工之间的数据隔离；将来访宾客与企业内网完全隔离，既方便客人，又不干扰员工。

5. 全面的上网行为管理

家庭环境一般不对上网做限制，但办公环境，出于工作效率、网络安全、商业保密等诸多考虑，必须对上网进行管控。

本例中的出口设备支持以下特色功能：

- **一键管控常见应用**：可一键管控PC端QQ、迅雷等常见应用，同时支持网址过滤功能，有效规范企业员工的上网行为，提升员工工作效率。
- **差异化管理**：针对不同员工进行差异化管理，不同时间设定不同权限，即限制什么时间能做什么、不能做什么，轻松管理内部网络。
- **智能带宽控制**：支持智能带宽控制，可针对每台设备设定上下行速率限制，为每一位员工分配合理的带宽，避免个别员工占用过多带宽，以致拖累整个办公网络。

6. 稳定

所有设备都有充分的散热设计，且支持自动恢复，可将故障率降到最低，高温环境也无须担心。一旦出现故障，可以自动或手动恢复。

■5.4.5 小型企业局域网的配置和管理

下面介绍小型企业局域网内一些主要设备的配置和管理。

1. 路由器初始化配置

路由器必须进行初始化设置，完成设置后才可以正常工作。路由器初始化配置过程如下：

步骤 01 使用网线连接计算机和路由器后，在浏览器地址栏中输入域名"tplogin.cn"并按Enter键，首次进入路由器的配置界面，这里需要设置管理员用户名和密码，如图5-39所示。

步骤 02 设置完毕后，根据实际情况设置当前WAN口数量，如图5-40所示。

图 5-39 设置用户名、密码

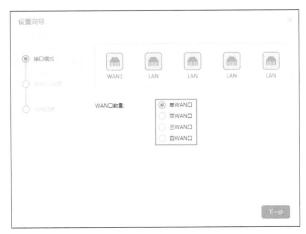

图 5-40 设置当前 WAN 口数量

步骤 03 和前面介绍的路由器配置一样，选择"PPPoE拨号"连接方式，输入运营商提供的用户名和密码进行拨号连接，如图5-41所示。如果是静态IP，需要手动设置，如图5-42所示。

图 5-41 拨号连接界面

图 5-42 手动设置 IP 地址

步骤 04 设置无线的SSID和密码，如图5-43所示。

步骤 05 完成后会显示配置信息，如图5-44所示。重启路由器后，初始化配置生效。

图 5-43 设置无线名称与密码

图 5-44 完成配置

步骤06 重启路由器后，用新的管理员账户和密码登录路由器，就可以查看当前的路由器状态，并可以进行更详细和专业的设置，如图5-45所示。

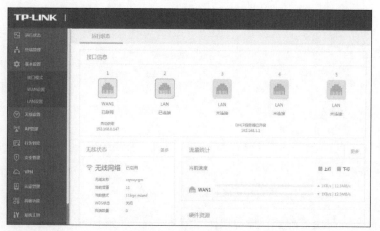

图 5-45　查看路由器状态

2. 接入方式配置

随着智能手机、平板电脑等移动互联网终端的普及，酒店、商场、餐厅等越来越多的服务场所需要给客户提供免费WiFi。对无线接入用户的认证和推送广告信息，成为该类公共无线网络的基础要求。TP-LINK商云支持下发认证配置给已上云的设备，通过远程即可对项目的无线网络做认证配置，无须蹲守现场，认证方式灵活，且支持广告推送。下面以TP-LINK的商用网络云平台为例进行介绍。

步骤01 登录平台后，进入"认证配置"界面并新建配置，如图5-46所示。

图 5-46　"认证配置"界面

步骤02 设置认证设置名称、认证方式、免费上网时长等，如图5-47所示。

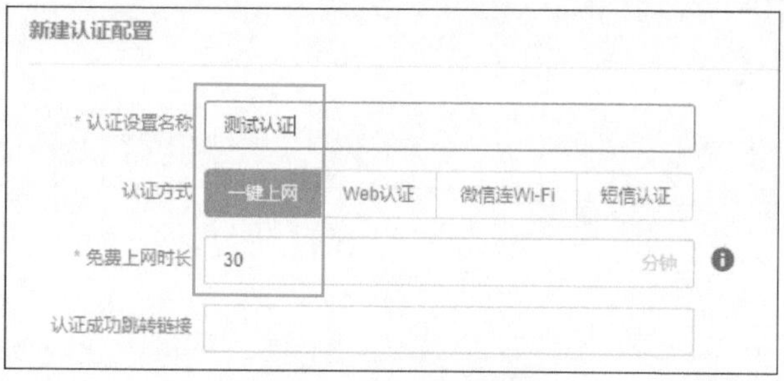

图 5-47　新建认证配置

步骤 **03** 进入 "Portal" 页面，新建广告模板，如图5-48所示，完成后便绑定SSID。客户连接该无线信号，就会弹出认证界面，用户可以一键上网，同时也往往会显示提供无线网络的商家的宣传页，如图5-49所示。Web认证和短信认证的设置过程基本类似。

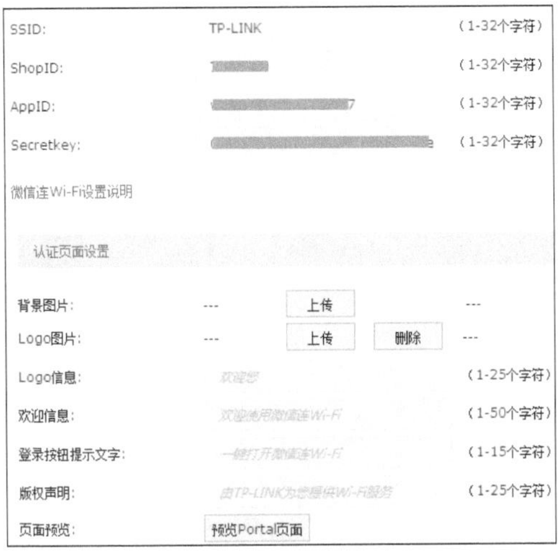

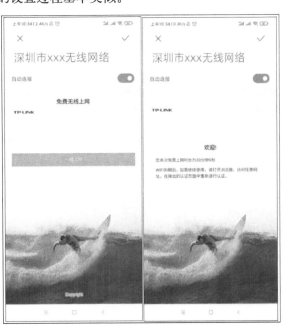

图 5-48　Portal 页面

图 5-49　一键上网

3. 交换机的初始化配置及管理IP配置

启动交换机，连接计算机和交换机，打开计算机中的浏览器，访问交换机默认管理地址 "192.168.0.1"，进入交换机登录界面，使用默认的用户名（admin）和密码（admin）即可登录，如图5-50所示。登录成功后，可以看到当前各端口的状态和系统信息，如图5-51所示。

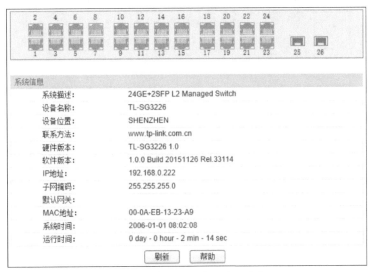

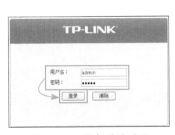

图 5-50　交换机登录界面

图 5-51　交换机端口状态及系统信息显示

在管理IP中，可以修改当前的管理IP地址，以便以后进行管理，如图5-52所示。关于交换机的一些高级协议配置，将在第6章中进行介绍。

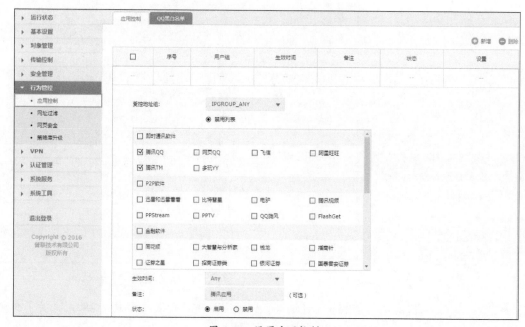

图 5-52　IP 配置

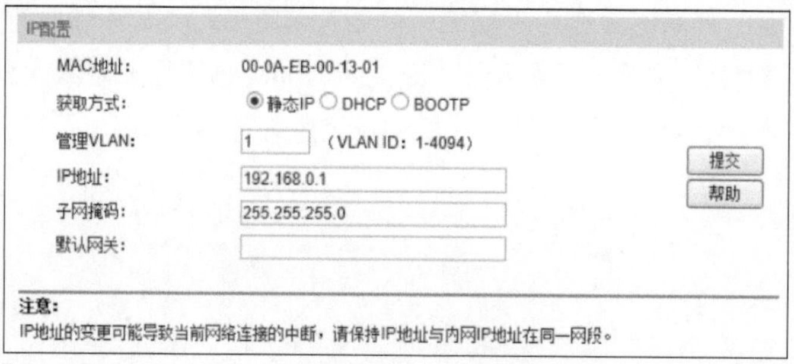

4. 路由器行为管理

进入路由器的"行为管控"界面中，可以设置网址过滤，如图5-53所示。

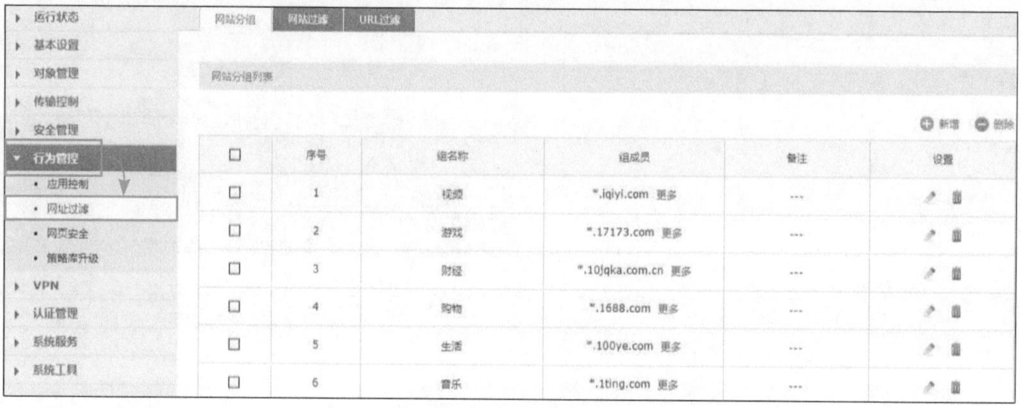

图 5-53　设置网址过滤

在"应用控制"界面中，可以设置禁止联网的应用及生效时间，如图5-54所示。另外，还可以根据所选应用设置允许特定QQ号访问网络，如图5-55所示。

图 5-54　设置应用控制

图 5-55 设置 QQ 黑白名单

拓展阅读

优化数据中心建设布局。在区域数据中心集群间，以及集群和主要城市间建立数据中心直连网络，促进数据中心分级分类布局建设，加快实现集约化、规模化、绿色化发展。

——《"十四五"国家信息化规划》

学习体会

课后作业

一、单选题

1. 千兆的路由器，千兆的计算机网卡，但计算机在局域网中的速度却达不到千兆，可能的原因是（　　　）。

　　A. 光纤猫的问题　　　　　　　　　B. 网线的问题

　　C. 硬盘的问题　　　　　　　　　　D. IP地址的问题

2. 光纤猫连接路由器的接口是（　　　）。

　　A. WAN口　　　　　　　　　　　　B. LAN口

　　C. iTV接口　　　　　　　　　　　D. 任意接口

二、多选题

1. 选择支持Wi-Fi 6的千兆无线路由器，需要硬件支持的标准有（　　　）。

　　A. 802.3u　　　　　　　　　　　　B. 802.3ab

　　C. 802.11ac　　　　　　　　　　　D. 802.11ax

2. 路由器接入网络的方式主要有（　　　）。

　　A. PPPoE　　　　　　　　　　　　B. 自动获取IP

　　C. 静态设置IP　　　　　　　　　　D. FTTH（fiber to the home，光纤到户）

3. 常用路由器的主要管理功能有（　　　）。

　　A. 黑名单　　　　　　　　　　　　B. 限速

　　C. 网站过滤　　　　　　　　　　　D. 共享访问权限

三、简答题

1. 简述家庭局域网的设备连接方法。

2. 简述小型局域网的规划原则。

四、动手练

按照5.4.2节和5.4.3节中的内容，动手设置家用无线路由器。

第6章

大中型企业局域网的建设和管理

内容概要

　　与小型局域网相比，大中型企业局域网在规划设计、设备选型、服务器建设等方面更趋向于专业化和标准化。除此之外，大中型企业局域网更注重网络的安全性和稳定性方面的要求。本章将详细介绍大中型企业局域网的建设和管理。

知识要点

　　大中型企业局域网的规划设计。

　　大中型企业局域网的设备选型。

　　大中型企业局域网设备的高级管理配置。

6.1 大中型企业局域网的规划设计

无论是为了满足当前企业需求还是考虑未来发展的趋势，大中型企业局域网都要进行科学的规划设计和设备选择，以满足对网络稳定性和可靠性的要求。下面从多个角度介绍大中型企业局域网的规划设计要点。

■6.1.1 需求分析

在进行规划设计前，除了要了解企业的基本信息，还要进行需求分析。需求分析的首要目标就是满足企业的各种需求，为此需要做以下几方面的工作。

1. 了解项目背景

首先要了解项目的所有相关信息，主要包括以下几个方面：

- **建设目标**：了解企业对局域网建设的总体目标，如网络类型、技术指标、主干网速度、局域网应用目标、企业服务器服务目标、未来物理布局和分公司网络要求等。
- **项目布局**：了解企业的楼宇和办公场所的物理位置和分布情况、相互间距离、建筑物概况等。如果要进行楼宇的结构化综合布线和其他智能设计，则需要获得其建筑施工图和电气类图纸，了解其建筑结构、配电间或管道井及网络机房的位置分布与电源系统的结构等信息，了解附近是否有强电磁干扰、有无对通信线路架设或埋设的限制等。
- **基础数据**：了解用户单位人数、用户群之间的关系，个人计算机、用户终端数量和分布，服务器种类和配置，现有的网络设备类型和数量，现有通信环境、容量、性能、网络拓扑结构，现有的专业软件、系统软件、数据库等软件内容等。
- **预算经费**：大中型企业局域网以稳定性和安全性为主，资金并不是首要的限制条件。但设计者应当根据用户目标和需求，结合预算经费，选择合适的产品和服务，并给出合理的报价，才能将工程顺利推进。

2. 汇总问题

如果是对原有网络进行升级改造，则需将目前存在的问题解决。在原有网络上，企业都是存在或多或少问题的，要针对用户的需求和存在的问题，研究解决办法，这才能体现本次改造的价值。

3. 计算成本

提出实现网络系统的设想，对系统做概要设计，可以提出多个方案，方案中成本估算是必备项。成本包括硬件成本和软件成本，需要估算系统建设的总体投资，并结合建成后的各种功能，突出展示网络系统能带来的经济上的优势。

■6.1.2 规划设计原则

在规划设计大中型企业局域网时，一定要遵循以下几个原则。

1. 先进性

设计思想要先进，规划中的网络结构、软硬件设备、系统的主机系统、网络平台、数据库系统、应用软件等均应使用目前国际上较先进、较成熟的技术和设备，符合国际标准和规范，应能满足未来3~5年内的需求。

2. 标准性

所采用技术的标准化，可以保证网络发展的一致性，增强网络的兼容性，达到网络的互连与开放。为确保将来不同厂家设备、不同应用、不同协议的连接，整个网络从设计、技术到设备的选择，都必须支持国际标准的网络接口和协议，以提供高度的开放性。

3. 兼容性

网络规划与现有传输网及将要改造的网络应有良好的兼容性。在采用先进技术的前提下，最大可能地保护已有投资，并能在已有的网络上扩展多种业务。

4. 可升级和可扩展性

随着技术不断发展，新的标准和功能不断增加，网络设备必须可以通过网络进行升级，以提供更先进、更多的功能。在网络建成后，随着应用和用户的增加，核心骨干网络设备的交换能力和容量必须能随之线性增长。设备应能提供高端口密度、模块化的设计以及多种类的接口、技术的选择，以方便未来进行更灵活的扩展。

5. 安全性

网络的安全性对网络设计是非常重要的，合理的网络安全控制，可以使应用环境中的信息资源得到有效的保护，可以有效地控制网络访问，灵活地实施网络安全控制策略。在大中型企业局域网络中，关键应用服务器、核心网络设备，只有系统管理人员才有操作、控制的权限；应用客户端只有访问共享资源的权限，网络应该能够阻止任何的非法操作。在企业网络设备上应该都具有可以进行基于协议、基于MAC地址、基于IP地址的包过滤控制功能。在大规模企业网络的设计上，通过划分虚拟子网、控制资源的访问权限，可进一步提高网络的安全性。

6. 可靠性

一般网络系统是7×24 h连续运行的，所以需要从硬件和软件两方面来保证系统的高可靠性。硬件可靠性：系统的主要部件采用冗余结构，例如，传输方式的备份，提供备份组网结构；主要的计算机设备（如数据库服务器）采用CLUSTER技术，支持双机或多机高可用结构；配备不间断电源等。软件可靠性：充分考虑异常情况的处理，具有较强的容错能力、错误恢复能力、错误记录及预警能力并给用户以提示；具有进程监控管理功能，保证各进程的可靠运行。

除硬件和软件的高可靠性之外，网络结构的稳定性也是至关重要的。网络结构稳定性是指当增加或扩充应用子系统时，不影响网络的整体结构和整体性能。对关键的网络连接采用主备方式，以保证数据传输的可靠性。

另外，还应具有较强的容灾容错能力，具有完善的系统恢复和安全机制。

7. 易操作性

提供中文图形用户界面，简单易学，方便实用。

8. 可管理性

网络中的任何设备均可以通过网络管理平台进行控制，网络的设备状态、故障报警等都可以通过网络管理平台进行监控。通过网络管理平台可以简化管理工作，提高网络管理的效率。

在进行网络设计时，选择先进的网络管理软件（简称网管软件）是必不可少的。网络管理软件应包括网络的设备配置、网络拓扑结构的表示、网络设备的状态显示、网络设备的故障事件报警、网络流量统计分析以及计费等功能。网管软件的应用可以提高网络管理的效率，减轻网络管理人员的负担。网络管理的目标是实现零管理及基于策略的管理方式。网络管理一般是通过制定统一的策略，由管理策略服务器进行全局控制的。基于Web的网络管理界面，是网管软件的发展趋势，其灵活的操作方式简化了管理人员的工作。

　　在大中型企业局域网的设备选择上，要求网络设备支持标准的简单网络管理协议（SNMP），同时支持RMON/RMON II（remote monitoring，远程监视）协议，核心设备要求支持ARP协议，可实施充分的网络管理功能。设计企业网时，原则上应该要求设备具有可管理性，同时应配备先进的网管软件，支持网络维护、监控、配置等功能。

■6.1.3　规划设计注意事项

　　在规划设计大中型企业局域网时，要特别注意以下几个方面。

1. 网络分层设计

　　网络设计中，没有一种方法可以适合所有的网络。网络设计技术复杂而且更新迅速，Cisco提出了网络设计方法学，使用分级三层模型建立整个网络拓扑结构。这种模型也称为结构化设计模型。在模型中，将网络划分为核心层、汇聚层和接入层，如图6-1所示，每一层都有其各自不同的功能。

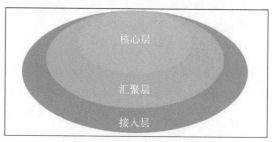

图 6-1　网络三层分级模型

　　可以用三层分级设计模型建立非常灵活和缩放性极好的网络。三层分级设计可以应用于局域网、城域网和广域网中。在不同的网络中，分层所表示的内容各不一样，不要拘泥于每一层到底是什么，而要看成是一种化整为零的设计思想，各层既独立又相互关联。实施时，可以把重点放在解决某一层问题上，将复杂的问题简单化。

　　在局域网的三层结构中，数据被接入层接入网络，被汇聚层汇聚到高速链路上，由核心层处理后返回汇聚层和接入层，最终到达目的设备。核心层负责数据交换；汇聚层负责聚合路由路径，收敛数据流量；接入层负责接入设备和网络访问控制等网络边缘服务。一般企业局域网的三层结构如图6-2所示，各层的主要作用如下：

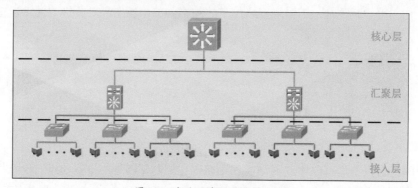

图 6-2　企业局域网的三层结构

（1）核心层

核心层是大中型企业网的核心部分，其主要功能是尽可能快地交换数据。核心层不应该涉及费力的数据包操作或者减慢数据交换的处理，应该避免在核心层中使用如访问控制列表和数据包过滤之类的功能。

核心层主要负责以下几项工作：

- 提供交换区块间的连接。
- 提供到其他区块的访问。
- 尽可能快地交换数据帧或数据包。
- VLAN间路由。

核心层一般采用高端交换机。对核心交换机，要求能提供线速多点广播转发和选路，以及支持用于可扩展的多点广播选路的独立于协议的多点广播协议，而且还要求所选用的核心交换机保证能提供企业网主干所需要的带宽和性能。现在大中型企业局域网中使用的都是三层交换。

（2）汇聚层

汇聚层也叫作分布层，是网络接入层和核心层之间的分界点。该分层提供了边界定义，并在该处对潜在的数据包操作进行处理。在局域网中，汇聚层能执行众多功能，包括VLAN聚合、部门级和工作组接入、广播域或组播域的定义、介质转换、安全功能等。

汇聚层可以被归纳为能提供基于策略的连通性的分层。它可将大量接入层过来的低速链路通过少量高速链路导入核心层，实现通信量的聚合。同时，汇聚层可屏蔽经常处于变化之中的接入层对相对稳定的核心层的影响，从而可以隔离接入层拓扑结构的变化。

（3）接入层

接入层是直接与用户打交道的层次，接入层的基本设计目标包括：

- 将流量导入网络。
- 提供第2层服务，如基于广播或MAC地址的VLAN成员资格和数据流过滤。
- 访问控制。

需要指出的是，VLAN的划分一般是在接入层实现的，但VLAN之间的通信必须借助于核心层的三层设备才能够实现。

由于接入层是用户接入网络的入口，所以也是黑客入侵的门户。接入层通常用包过滤策略提供基本的安全性，保护局域网免受网络内外的攻击。

接入层的主要准则是能够通过低成本、高端口密度的设备提供所需的功能。相对于核心层采用的是高端交换机，接入层采用的就是相对"低端"的设备，常称之为工作组交换机或接入层交换机。因为局域网接入层往往已到用户桌面，所以又称为桌面级交换机。

需要注意的是，并不是所有网络都具有上述的三层结构，并且每一层的具体设备配置情况也不一样。例如，当网络很大时，核心层可由多个冗余的高端交换机组成，如图6-3所示；又如当构建超级大型网络时，对该网络可以进行更进一步的划分，可将整个网络分为四层，分别为核心层、骨干层、汇聚层和接入层；相反，当网络较小时，核心层可能只包含一个核心交换机，该设备与汇聚层上所有的交换机相连；如果网络更小的话，核心层设备可以直接与接入层设备连接，分层结构中的汇聚层可被压缩掉，如图6-4所示。显然，这样设计的网络更易于配置和管理，且扩展性很好，容错能力也很强。

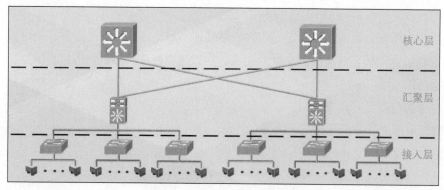

图 6-3 网络很大时的三层结构

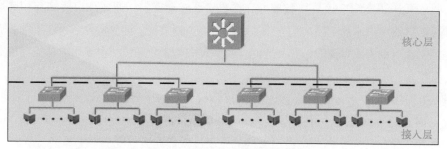

图 6-4 网络很小时的两层结构

使用三层分级模型有利于网络设计实现，因为许多站点有相似的拓扑，模块化的体系结构促进了技术的逐渐迁移。

使用三层分级设计模型的指导准则如下：

● 选择最适合需求的分级模型。边界作为广播的隔离点，同时还作为网络控制功能的焦点。

● 不要把终端工作站安装在主干网上。如果主干网上没有工作站，可以提高主干网的可靠性，使通信量管理和增大带宽的设计更为简单。把工作站安装在主干网上还可能导致更长的收敛时间。

● 通过把80%的通信量控制在本地工作组内部，从而使工作组LAN运行良好。尽管八二原则现已渐渐转变为二八原则，但用户仍可以通过合理设计使得通信量尽量局部化，尽量将联系较多的人员分配在同一子网或同一VLAN中，从而较高程度地实现通信隔离，既缓解网络压力，又能保证安全性。

2. IP地址规划设计

IP地址的合理分配对网络管理起着重要作用。IP地址分配需要遵守一定的规则。

（1）体系化编址

体系化其实就是结构化、组织化，以企业的具体需求和组织结构为原则对整个网络地址进行有条理的规划。规划的一般过程是从大局、整体着眼，然后逐级由大到小分割、划分。最好在网络组建前配置一张IP地址分配表，对网络各子网指出相应的网络ID，对各子网中的主要层次指出主要设备的网络IP地址，对一般设备指出所在的网段，各子网之间最好还列出与相邻子网的路由表配置。表6-1所示是一个IP地址分配表的示例。

表 6-1　IP 地址分配表

部门	网段	服务器	网关地址	客户端范围
财务部	192.168.2.0	192.168.2.1~5	192.168.2.100	192.168.2.101~200
技术部	192.168.3.0	192.168.3.1~5	192.168.3.100	192.168.3.101~200
市场部	192.168.4.0	192.168.4.1~5	192.168.4.100	192.168.4.101~200

从网络总体来看，体系化编址的原则是使相邻或者具有相同服务性质的主机或办公群落都在IP地址上连续，这样在各个区块的边界路由设备上便于进行有效的路由汇总，使整个网络的结构清晰，路由信息明确，也能减小路由器路由表的复杂性。每个区域的地址与其他的区域地址相对独立，也便于灵活管理。

（2）持续可扩展性

这里所说的可扩展性，是指在初期规划时就为将来的网络拓展考虑。当使用分级地址设计进行IP地址分配时，可以满足网络的可缩放性和稳定性要求。

如果在规划时没有考虑扩展性因素，则当企业发展壮大时，不合理的规划会使局域网需要重新部署IP地址，这在一个大中型企业网络中就不是一件轻松的事情了。用户可以采用之前提到的子网划分方法，结合企业需要，进行IP地址的规划。

（3）按需分配公网IP

对于不需要访问外网的设备，配置私有IP地址即可。对有外网访问需求的部门，可以使用NAT技术，使多个设备共用一个公网IP地址对外通信即可。企业的Web服务器、邮件服务器等需要对外提供服务，必须使用公网IP地址，就需要租用固定IP地址。

另外，由于现在的IPv4网络正在向IPv6过渡，将来很可能出现一段很长的IPv4和IPv6共存的时期，所以现在构建网络时尽量考虑到对IPv6的兼容性，选择能支持IPv6的设备和系统，以降低升级过渡时的成本。

（4）静态与动态地址分配

动态地址分配。由于地址是由DHCP服务器分配的，便于集中化统一管理，并且每个新接入的主机通过非常简单的操作就可以正确获得IP地址、子网掩码、默认网关、DNS等参数，在管理的工作量上比静态地址要少很多，而且规模越大的网络，其优势越明显。

静态分配地址正好相反，需要先指定好哪些主机要用到哪些IP地址，绝对不能重复。例如，服务器群区域，每台服务器都有一个固定的IP地址。

动态分配IP地址可以做到按需分配，当某个IP地址不被主机使用时，能释放出来供别的新接入主机使用，这样可以在一定程度上高效利用好IP资源。DHCP的地址池只要能满足同时使用的IP地址峰值就可以。静态分配必须考虑更大的使用余量，很多临时不接入网络的主机并不会释放掉IP地址，而且由于是临时性断开和接入，手动释放和添加IP地址等参数明显是受累不讨好的工作，所以这时必须考虑使用更大的IP地址段，确保有足够多的IP地址资源。

3. 网络布线设计

网络逻辑拓扑结构、IP地址划分完成后，就需要考虑物理链路，也就是网络布线系统了。

结构化布线系统是一种模块化、灵活性极高的建筑物和建筑群内的信息传输系统。结构化综合布线系统（structured cabling system，SCS）是一种集成化的通用传输系统，它利用双绞线或光缆在建筑物内传输多种信息。结构化布线也叫综合布线，是一套标准的继承化分布式布线系统。结构化布线就是用标准化、简洁化、结构化的方式对建筑物中的各种系统（如网络、电话、电源、照明、电视、监控等）所需要的各种传输线路进行统一的规划、布置和连接，形成完整、统一、高效兼容的建筑物布线系统。根据综合布线国际标准ISO/IEC 11801的定义，综合布线系统可由以下子系统组成。

（1）工作区子系统（work area subsystem）

工作区子系统由信息插座延伸至用户终端设备的布线组成，包括信息插座和相应的连接软线。用户能方便地把计算机、电话、传真机等不同的终端设备接入大楼的通信网络系统。

（2）水平布线子系统（horizontal subsystem）

水平布线子系统由楼层配线间延伸至信息插座的布线组成，通常可采用超五类双绞线，也可采用光缆以满足高传输带宽应用或长距离传输的要求。水平布线子系统提供大楼通信网络系统到用户终端设备的信息传输。

（3）建筑物主干子系统（building backbone subsystem）

建筑物主干子系统由大楼配线间延伸至各楼层配线间的布线组成。该子系统亦包括各配线间的配线架、跳接线等，采用的线缆是超五类双绞线。大楼配线间和楼层配线间通常也用于放置网络设备和其他有源设备。建筑物主干子系统是提供大楼内通信网络信息交换的主干通道。

（4）建筑群布线子系统（campus cabling subsystem）

建筑群布线子系统由建筑群配线间延伸至各大楼配线间的布线组成，一般采用的线缆为光纤。建筑群配线间通常也用于放置电信接入设备和广域网连接设备。建筑群布线子系统提供了各建筑物间通信网络连接和信息交换的通道。

为了满足大中型企业局域网将来灵活组网的需要，在总部办公楼、分公司等建筑物内各设有配线间。整个企业的设备间机房安置在总部大楼，各分公司的设备间机房安置在各分公司的一楼。为充分满足大中型企业局域网内部和对外高速高容量信息通信的需要，系统采用高速高容量的多模光纤作为企业的网络主干，建筑物内采用先进的超五类非屏蔽布线系统。

4. 系统安全设计

从本质上讲，网络安全就是网络上的信息安全，是指网络系统的硬件、软件和系统的数据受到保护，不因偶然的或恶意的原因而遭到破坏、更改、泄露，系统能够连续可靠地正常运行。广义地来说，凡是涉及网络上信息的保密性、安全性、可用性、真实性和可控性的相关技术和理论，都是网络安全要研究的领域。网络安全的内容既有技术方面的问题，也有管理方面的问题，两方面相互补充，缺一不可。技术方面主要侧重于防范外部非法用户的攻击，管理方面则侧重于内部人为因素的管理。如何有效地保护重要的信息数据，提高计算机网络系统的安全性已经成为所有计算机网络应用必须考虑和必须解决的一个重要问题。

网络安全体系结构主要包括安全对象和安全机制。安全对象主要有网络安全、系统安全、数据库安全、信息安全、设备安全、信息介质安全和计算机病毒防治等。网络管理与网络信息系统的安全是网络设计中的重要部分，因此，网络安全的规划、设计应从设备安全、软件和数据库安全、系统运行安全和网络互联安全等方面进行周密考虑，具体表现在以下几个方面：硬件可靠性、数据备份方案、防病毒措施、环境安全性、网络互联安全等。

由于网络的互联是在数据链路层、网络层、传输层、应用层以不同协议来实现的，各个层的功能特性和安全特性也不同，因而其安全措施也不相同。

6.2 大中型企业局域网的产品选型及特点

在大中型企业局域网中，产品的选择除了要满足企业的需求，还倾向于选择多业务、高效率、稳定可靠的大型网络设备供应商的产品，核心设备必须达到企业级别的档次。常见的大中型企业局域网拓扑图如图6-5所示。

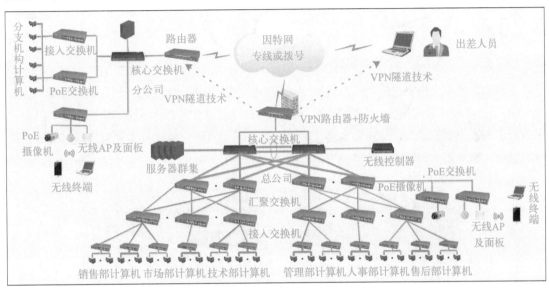

图 6-5 大中型企业局域网拓扑图

■ 6.2.1 核心交换机的选择

本例中的核心交换机采用的是Cisco Catalyst 9500系列交换机，如图6-6所示，它是下一代企业级核心层和汇聚层交换机，可提供全面的自行编程和自行维护功能。Catalyst 9500系列基于x86 CPU，是思科主打的专用非模块化核心层和汇聚层企业交换平台，专为安全性、物联网和云而打造。该系列交换机配备4核2.4 GHz CPU、16 GB DDR4内存和16 GB内部存储。

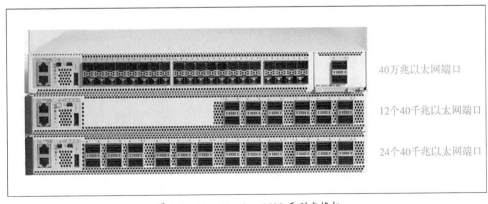

图 6-6 Cisco Catalyst 9500 系列交换机

Catalyst 9500系列是业界首批专为企业园区设计的专用40千兆以太网交换机产品系列。该系列交换机可为企业应用提供庞大的表格规模（MAC/路由/ACL）和缓冲。Catalyst 9500系列包括无阻塞40 G四通道小型封装热插拔（QSFP）和10 G增强型小型封装热插拔（SFP+）交换机，其精细的端口密度可满足不同的企业需求。该系列交换机支持高级路由和基础设施服务〔如多协议标签交换（MPLS）第2层和第3层VPN、组播VPN（MVPN）、网络地址转换（NAT）等〕；软件定义的接入边界功能〔如主机跟踪数据库、跨域连接、VPN路由和虚拟路由转发（virtual routing forwarding，VRF）感知、定位/标识分离协议（LISP）等〕；基于思科StackWise®虚拟技术的网络系统虚拟化（对于将这些交换机部署为企业核心交换机至关重要）。该平台还支持所有基本的高可用性功能，例如，热补丁、平稳插入和移除（GIR）、思科具有状态切换功能的无中断转发（NSF/SSO）、白金级冗余电源，以及风扇等。

■6.2.2　汇聚层交换机的选择

本例中汇聚层交换采用的是Cisco Catalyst 3850系列交换机，它定位在核心层或汇聚层，如图6-7所示。借助这款交换机，可以为第二代802.11ac技术以及现有和将来即将出现的其他新技术做好准备。堆叠式Catalyst 3850系列多千兆和10 Gbit/s网络交换机可实现有线网络和无线网络的融合，赋予用户扩展能力并保护用户的投资。

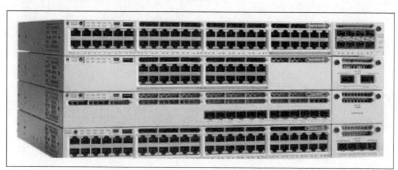

图 6-7　Cisco Catalyst 3850 系列交换机

■6.2.3　接入层交换机的选择

本例中接入层交换机使用的是Cisco Catalyst 2960-X系列交换机，如图6-8所示。它是适用于大中型企业及分支机构应用的企业级可堆叠式L2/L3固定配置交换机，配备了千兆以太网下行端口链路，能让用户以超值的价格获得企业所需要的企业级功能。Cisco Catalyst 2960-X系列交换机是堆叠式千兆以太网第二层和第三层接入交换机，可全面简化部署、管理和故障排除。这款交换机不仅支持自动化软件安装和端口配置，而且能够通过其他节能功能帮助用户降低成本。

图 6-8　Cisco Catalyst 2960-X 系列交换机

■6.2.4　路由器的选择

本例中的路由器使用的是Cisco 3900系列集成多业务路由器，如图6-9所示。Cisco 3900系列集成多业务路由器是全新的第2代集成多业务路由器，它支持新的高容量数字信号处理器（DSP）以备将来增强视频功能，同时具有可用性能进一步改进的高功率服务模块、多核CPU、增强的以太网供电（PoE），以及能同时提高整体系统性能的新能源监视和控制功能，对于未来可能的功能扩充做了充分准备。此外，通过全新Cisco IOS（思科网际操作系统）软件中通用映像和服务就绪引擎模块，还可以将硬件和软件部署分离，从而奠定了灵活的、可快速满足不断发展的网络需求的技术基础。总而言之，通过各种新技术的应用，Cisco 3900系列可提供相当有竞争力的网络灵活性和成本优势。

图 6-9　Cisco 3900 系列集成多业务路由器

■6.2.5　其他设备选择

本例中其他设备的选择可根据实际的客户端数量和信息点数量进行。

1. 防火墙

本例可以使用路由器集成的防火墙，也可以使用独立的硬件防火墙，如Cisco ASA 5500-X系列，如图6-10所示。Cisco ASA 5500系列自适应安全设备是思科公司专门设计的安全解决方案，它将极高的安全性和出色的VPN服务与创新的可扩展服务架构有机地结合在一起。作为思科自防御网络的核心组件，Cisco ASA 5500系列能够提供主动防御，在网络受到威胁之前就能及时阻挡攻击，控制网络行为和应用流量，并提供灵活的VPN连接。

图 6-10　Cisco ASA 5500-X 系列防火墙

2. 无线AP

如需布置无线AP，可以根据室内和室外不同的应用场景进行选择。例如，室内可以采用TL-HDAP2600C-PoE AC2600高密度无线吸顶式AP，如图6-11所示。

图 6-11　吸顶式 AP

该吸顶式AP是4频AP，4倍带机量；支持2.4 GHz/5 GHz双频并发和4个射频同时接入，无线带机量成倍增加；能够自动选择适宜信道，网络流畅稳定；内置阵列专业天线，提升覆盖区域的信号质量；提供标准PoE供电，施工方便。

若采用室内面板式AP，可以选择TL-AP1758GI-PoE AC1750双频千兆无线面板式AP，如图6-12所示。该款AP的特点是：具有千兆有线接口+特设穿透口，可以满足复杂房型需求；支持频谱导航（5G优先），保障网络性能；提供无线信道的自动调整，发射功率可手动调整；管理简单、施工方便、使用可靠安全；提供5种安全措施，稳定可靠。

图 6-12　面板式 AP

若需要使用室外AP，可以选用TL-AP1750GP扇区AC1750双频室外高功率无线AP，如图6-13所示。该款AP的特点有：支持AC1750双频无线传输，可实现远距离全向覆盖；具备千兆端口，能提升无线速率；支持IPv6，防尘防水，可适应各种恶劣环境；提供Passive PoE供电，供电传输距离可达60 m；支持自动选择信道，避免同频干扰；能智能剔除弱信号设备，提升WiFi有效连接质量；具有独立射频电路，适应室外无线覆盖环境；支持功率线性可调，降低AP间干扰；具备设备异常时自动恢复功能；统一管理，安装简便；可设8个SSID，支持中文SSID；支持胖瘦一体，可用AC统一管理所有AP。

图 6-13　室外无线 AP

3. 无线控制器

本例中，如果对无线AP统一管理，可以选择无线控制器TL-AC10000，如图6-14所示。它可以自动发现并统一管理AP，最多可管理10 000个AP；支持AC旁挂组网，无须更改现有网络架构，部署方便；能够统一配置无线网络，支持SSID与Tag VLAN映射；支持MAC认证、Portal认证等多种用户接入认证方式。

图 6-14　无线控制器

4. PoE交换机

本例中，选择TL-SG3226PE 24GE（PoE）+2SFP全千兆网管PoE交换机，如图6-15所示。该款交换机是TP-LINK专为满足PoE供电需求而自主研发设计的全千兆网管PoE交换机，具有24个千兆RJ-45端口、2个千兆SFP光纤模块扩展插槽，其中24个千兆RJ-45端口全部支持PoE供电，最大供电功率达375 W。该交换机还提供全面的安全防护体系、灵活的VLAN功能和完善的ACL策略，管理维护简单，满足企业、小区、酒店等机构或区域的办公网或园区网的组网和接入要求，满足对高密度、大功率PoE供电和对智能化管理有需求的网络环境，适合组建经济高效的网络。

图 6-15　PoE 交换机

6.3 企业级网络设备的高级管理配置

企业级局域网所使用的网络设备与传统的网络设备相比，所使用的技术更加专业化，而且管理配置都需要专业的网络知识和命令体系。下面介绍企业级局域网所使用的一些关键网络技术和命令。

■6.3.1　三层交换

三层交换技术是指二层交换技术+三层转发技术。它解决了局域网中网段划分之后，网段中子网必须依赖路由器进行管理的局面，解决了传统路由器低速、复杂所造成的网络瓶颈问题。

三层交换技术是在网络交换机中引入路由模块取代传统路由器实现交换与路由相结合的网络技术。它根据实际应用情况，灵活地在网络第二层或者第三层上进行网络分段。具有三层交换功能的设备是一个带有第三层路由功能的第二层交换机。

假设两个使用IP协议的站点A、B，通过第三层交换机进行通信，发送站A在开始发送时，把自己的IP地址与B站的IP地址做比较，判断B站是否与自己在同一子网内。若目的站B与发送站A在同一子网内，则进行二层的转发；若两个站点不在同一子网内，如发送站A要与目的站B通信，则发送站A要向三层交换机的三层交换模块发出ARP（地址解析协议）封包，三层交换模块解析发送站A的目的IP地址，向目的IP地址网段发送ARP请求，B站得到此ARP请求后向三层交换模块回复其MAC地址，三层交换模块保存此地址并回复给发送站A，同时将B站的MAC地址发送到二层交换引擎的MAC地址表中。从这以后，A向B发送的数据包便全部交给二层交换处理，信息得以高速交换。可见由于仅仅在路由过程中才需要三层处理，绝大部分数据都通过二层交换转发，三层交换机的速度很快，接近二层交换机的速度。这就是一次路由、多次交换的原理。

■6.3.2　VLAN

VLAN（virtual local area network）即虚拟局域网，是一种通过将局域网内的设备逻辑地而不是物理地划分成一个个网段的技术。这里的网段是逻辑网段的概念，而不是真正的物理网段，如图6-16所示。

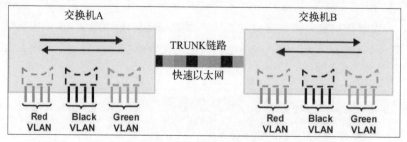

图 6-16　VLAN 示意图

VLAN是一组逻辑上的设备和用户，这些设备和用户并不受物理位置的限制，可以根据功能、部门及应用等因素将它们组织起来，相互之间的通信就好像它们在同一个网段中一样，由此得名"虚拟局域网"。VLAN是一种比较成熟的技术，工作在OSI参考模型的第二层和第三层，一个VLAN就是一个广播域。在计算机网络中，一个二层网络可以被划分为多个不同的广播域，一个广播域对应一个特定的用户组，默认情况下这些不同的广播域是相互隔离的。不同的广播域之间想要通信，需要通过一个或多个路由器，这样的一个广播域就称为一个VLAN。

1. 划分VLAN的作用

划分VLAN可以起到以下几个作用：

- **增加网络灵活性**：网络设备的移动、添加和修改的管理开销减少。
- **可以控制广播活动**：每个VLAN是一个网段，广播只在一个网段内泛洪，而不会传播并影响其他网段，减少了广播风暴的波及面。
- **可提高网络的安全性**：划分VLAN后，各VLAN之间是隔离的，彼此依靠路由或三层交换进行通信。通过设置可以禁止某些VLAN与其他VLAN通信，增加了安全性，如图6-17所示。

从图中可以看到，每一层都可以有计算机划分到公司的具体部门，而不用使用物理方式限制到某一区域，而且添加、删除方便。另外，如果要提高财务部的安全性，可以将财务部的VLAN隔离起来，这样其他的网络设备是无法访问该VLAN的。

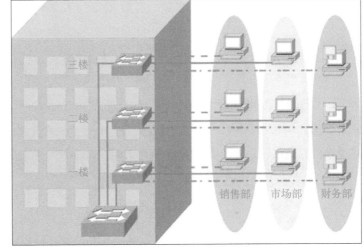

图 6-17 VLAN 的安全性

2. VLAN的特点

VLAN有如下特点：

- 每个VLAN就像一个分开的物理网桥。
- VLAN能够跨越多个交换机。
- TRUNK能够通过多个VLAN流量。
- TRUNK用不同的封装识别不同的VLAN。
- 一个VLAN形成一个广播域，不同的VLAN需要不同的子网。
- 交换机维护不同VLAN的多张MAC地址表。

3. VLAN的划分方法

VLAN可以基于多种方法进行划分，各种划分方法也各有其优缺点。

- **基于端口**：是最常用的划分手段，优点是配置十分简单；缺点是该用户离开了该端口，则要根据新端口重新设置，并要删除原端口VLAN信息。
- **基于MAC地址**：优点是无论用户移动到哪里，连到交换机即可与VLAN间的设备通信；缺点是要输入所有用户的MAC信息与VLAN的对应关系，不仅麻烦，而且降低了交换机的执行效率。

- **基于IP地址**：优点是用户改变位置，不需要重新配置所有的VLAN信息，不需要附加帧标识来识别VLAN；缺点是效率低，而且二层交换一般无法识别。

4. VLAN间通信

VLAN之间可以使用路由器进行通信，如图6-18所示：当且仅当每个交换机只有一个VLAN，那么就相当于3个交换机接入到路由器的3个接口。这种方法就是没有VLAN也很简单，只要给路由器3个接口分别设置3个网段，路由器自动学习到3个网段的路由信息，3个交换机的终端就可以通信了。

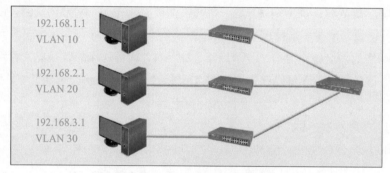

图 6-18　使用路由器通信的 VLAN 拓扑图

3台交换机从逻辑上可以合为1台，4个接口分别连接3台计算机和路由器，如图6-19所示。不过因为启用了VLAN，不同于传统的直连模式（直连模式也可以实现不同网段互通），所以在交换机和路由器之间需要TRUNK链路开启多VLAN的传输协议。该拓扑图也就是常说的单臂路由。

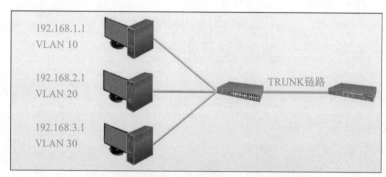

图 6-19　使用 TRUNK 链路的 VLAN 拓扑图

除了以上介绍的两种方式，还可以使用三层交换实现。原理就是利用三层交换机的虚拟接口实现不同VLAN间通信，拓扑图如图6-20所示。具体配置步骤如下：

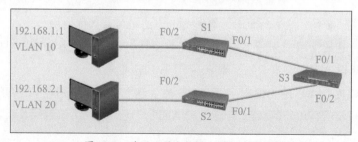

图 6-20　使用三层交换的 VLAN 拓扑图

步骤 01 进入交换机S1的配置界面，使用以下命令。

```
Switch1#conf ter                                          //进入配置模式
Enter configuration commands，one per line. End with CNTL/Z.
Switch（config）#hostname S1                              //命名交换机为S1
S1（config）#vlan 10                                      //创建VLAN 10
S1（config-vlan）#exit                                    //退出VLAN设置模式
S1（config）#vlan 20                                      //创建VLAN 20
S1（config-vlan）#exit
S1（config）#interface f0/2                               //进入F0/2端口
S1（config-if）#switchport access vlan 10                 //端口加入VLAN 10
S1（config-if）#no shutdown                               //开启端口
S1（config-if）#exit                                      //退出端口模式
S1（config）#in f0/1
S1（config-if）#switchport mode trunk                     //开启TRUNK模式
S1（config-if）#no shutdown
S1config-if）#exit
```

步骤 02 按照同样的方法，配置交换机S2。

步骤 03 配置三层交换机S3。

```
Switch（config）#hostname S3
S3（config）#vlan 10
S3（config-vlan）#exit
S3（config）#vlan 20
S3（config-vlan）#exit
S3（config）#in f0/1
S3（config-if）#switchport trunk encapsulation dot1q      //选择封装模式
S3（config-if）#switchport mo trunk
S3（config-if）#no shutdown
S3（config-if）#exit
S3（config）#in f0/2
S3（config-if）#switchport trunk encapsulation dot1q
S3（config-if）#sw mo trunk
S3（config-if）#no shutdown
S3（config-if）#exit
S3（config）#in vlan 10
S3（config-if）#ip address 192.168.1.10 255.255.255.0     //配置VLAN 10的IP地址
S3（config）#in vlan 20
S3（config-if）#ip address 192.168.2.10 255.255.255.0
S3（config）#ip routing                                   //开启三层交换路由模式
```

完成后，为两台计算机配置好IP地址、网关地址，两者就可以通信了，如图6-21所示。

```
FastEthernet0 Connection:(default port)

   Link-local IPv6 Address..........: FE80::210:11FF:FE6C:705C
   IP Address........................: 192.168.1.1
   Subnet Mask.......................: 255.255.255.0
   Default Gateway...................: 192.168.1.10

PC>ping 192.168.2.1

Pinging 192.168.2.1 with 32 bytes of data:

Reply from 192.168.2.1: bytes=32 time=10ms TTL=127
Reply from 192.168.2.1: bytes=32 time=2ms TTL=127
Reply from 192.168.2.1: bytes=32 time=13ms TTL=127
Reply from 192.168.2.1: bytes=32 time=0ms TTL=127

Ping statistics for 192.168.2.1:
    Packets: Sent = 4, Received = 4, Lost = 0 (0% loss),
Approximate round trip times in milli-seconds:
    Minimum = 0ms, Maximum = 13ms, Average = 6ms
```

图 6-21　成功实现 VLAN 间通信

■6.3.3　链路聚合

　　链路聚合也叫作端口聚合,是指将多个物理端口捆绑在一起,成为一个逻辑端口,以实现出/入流量在各成员端口中的负荷分担,如图6-22所示。交换机根据用户配置的端口负荷分担策略决定报文从哪一个成员端口发送到对端的交换机。当交换机检测到其中一个成员端口的链路发生故障时,就停止在此端口上发送报文,并根据负荷分担策略在剩下的链路中重新计算报文发送的端口,故障端口恢复后再次重新计算报文发送端口。链路聚合在增加链路带宽、实现链路传输弹性和冗余等方面是一项很重要的技术。具体配置命令如下:

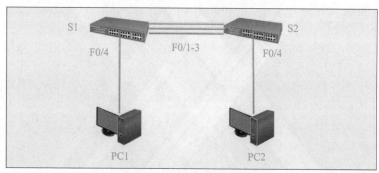

图 6-22　链路聚合拓扑图

```
Switch>en
Switch#configure terminal
Enter configuration commands，one per line. End with CNTL/Z.
Switch（config）#hostname S1
S1（config）#in range f0/1 – 3                          //进入链路端口
S1（config-if-range）#channel-group 1 mode on           //将1号通道在这3个端口开通
S1（config-if-range）#no shut
S1（config-if-range）#switchport mode trunk
```

按同样的方法配置S2，完成后，链路聚合就完成了，可以看到所有端口的状态都是正常的，如图6-23所示。

图6-23 链路聚合完成示意图

6.3.4 生成树协议

在多台交换设备组成的网络环境中，通常会使用一些备份连接，以提高网络的健全性和稳定性。备份连接也叫作备份链路、冗余链路，如图6-24所示，交换机1（SW1）与交换机3（SW3）之间为备份链路，平时是关闭状态。当交换机1（SW1）与交换机2（SW2）或者交换机2（SW2）与交换机3（SW3）之间的链路出现问题时，该备份链路自动启动，以保证网络的畅通。

为什么交换机1（SW1）与交换机3（SW3）之间的链路在其他链路正常时一定要禁用？因为如果该链路是启用状态，就相当于3个交换机组成了环路，这是非常严重的问题，会产生不可估量的严重后果，如网络风暴、多帧复制、MAC地址表不稳定等，所以就出现了生成树协议（spanning tree protocol，STP）。

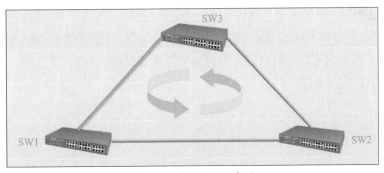

图6-24 备份链路示意图

1. 生成树协议简介

IEEE通过的IEEE 802.1d协议，即生成树协议，主要是为了解决冗余链路引起的问题。802.1d协议通过在交换机上运行一套复杂的算法，使冗余端口置于"阻塞状态"，从而使网络中的计算机在通信时只有一条链路生效，而当该链路出现故障时，IEEE 802.1d协议将会重新计算出网络的最优链路，将处于"阻塞状态"的端口重新打开，以确保网络连接稳定、可靠。截至目前，生成树协议已经发展了三代：第一代生成树协议（STP/RSTP），第二代生成树协议（PVST/PVST+），是按VLAN计算的生成树协议（是思科公司的专利），第三代生成树协议（MISTP/MSTP）。

2. STP

STP的作用是通过阻断冗余链路，将一个有回路的桥接网络修剪成一个无回路的树形拓扑结构。STP的主要思想是：当网络中存在备份链路时，只允许主链路激活，如果主链路因故障而被断开后，备用链路才会被打开。STP检测到网络上存在环路时，会自动断开环路链路。当交换机间存在多条链路时，交换机的生成树算法只启动最主要的一条链路，而将其他链路都阻塞掉，将这些链路变为备用链路。当主链路出现问题时，生成树协议将自动启用备用链路接替主链路的工作，不需要任何人工干预。

STP中定义了根交换机（root bridge）、根端口（root port）、指定端口（designated port）、路径开销（path cost）等概念，目的在于通过构造一棵自然树的方法达到阻塞冗余链路的目的，同时实现链路备份和路径最优化。

3. STP算法

STP算法的具体内容和实现步骤如下所述。

（1）选取根交换机（根桥）

选择依据是交换机优先级与交换机MAC地址组成的桥ID。优先级可以通过配置进行修改。首先查看交换机优先级，优先选择优先级数值小的（默认为32 768，范围为1~65 535），优先级高的可以忽略MAC数值。在优先级相同的情况下，查看交换机MAC地址，地址值最小的交换机成为根交换机，其他交换机就是非根网桥。

（2）选取根端口

根端口是在所有非根网桥中选择连接到根网桥路径开销最小的链路所在的端口。如果有开销相同的路径则使用PID（端口ID）最小的端口。PID由端口优先级（默认为128）加端口的MAC地址组成。根端口将被标记为转发端口，如图6-25所示。IEEE 802.1d规定，开销以时间为单位，10 M带宽的开销为100，100 M带宽的开销为19，1 000 M带宽的开销为4。SW2通过端口1到达根交换机的开销为4，端口2到达根交换机的开销为4+19=23，那么端口1即为根端口，同理SW3中，端口2也为根端口。

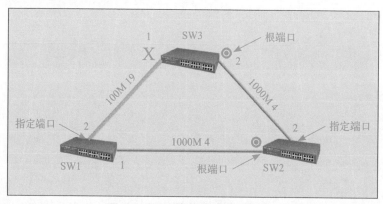

图6-25　STP算法中根端口的确定

（3）选择指定端口

在每个冲突域中选择到根网桥路径开销最低的端口，如果有开销相同的路径则使用桥ID最小的交换机所在端口作为指定端口。指定端口将被标记为转发端口，可以转发数据帧。

在SW1与SW2的链路中，因为SW1的端口1开销最低，所以SW1的端口1为指定端口。同理SW2的端口2以及SW1的端口2都是指定端口。其实，根交换机的所有端口都是指定端口，负责数据的接收，而根端口负责复制发送。

（4）完成修剪

剩下的既不是根端口，也不是指定端口的端口就是非指定端口，SW3的端口1变成阻塞状态，于是，SW1与SW3的链路就断开了。这样就完成了STP的修剪过程，剩下的就是非环形结构了。

（5）收敛

当所有端口变成转发或阻塞状态时，网络开始收敛，在网络收敛完成前，所有的数据不能被传送。收敛保证了所有的设备拥有相同的数据库（即相同的网络拓扑结构），这样就可保证全网范围内数据的一致性。一般从阻塞状态进入转发状态需要50 s左右的时间。

当网络中链路出现问题，或者该链路断开，交换机阻塞端口将被打开，重新完成新的网络拓扑，传递数据，保证网络畅通。

4. 快速生成树协议（RSTP）

在IEEE 802.1d协议的基础之上进行了一些改进，就产生了IEEE 802.1w协议，即快速生成树协议（rapid STP，RSTP）。虽然IEEE 802.1d解决了链路闭合引起的死循环问题，不过生成树的收敛时间比较长，可能需要花费50 s的时间，因此IEEE 802.1d协议已经不能适应现代网络的需求了。于是IEEE 802.1w协议问世了，和802.1d相比，其网络收敛速度要快得多（最快1 s以内）。

5. 生成树协议的配置

下面介绍生成树协议的配置过程，网络拓扑图如图6-26所示。本例中有3个关键配置：交换机TRUNK配置、生成树协议配置和优先级配置。

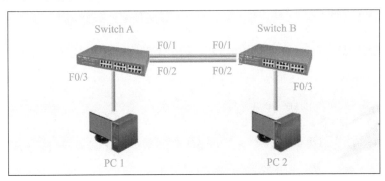

图 6-26　网络拓扑图

步骤01 交换机A（Switch A）的基本配置步骤如下，交换机B（Switch B）的配置与之相同。

```
Switch>en
Switch#config ter
Enter configuration commands, one per line. End with CNTL/Z.
Switch (config) #hostname SwitchA
SwitchA (config) #vlan 10
SwitchA (config-vlan) #exit
SwitchA (config) #interface f0/3
SwitchA (config-if) #no shutdown
SwitchA (config-if) #switchport access vlan 10
```

```
SwitchA（config-if）#exit
SwitchA（config）#interface range f0/1-2
SwitchA（config-if-range）#no shutdown
SwitchA（config-if-range）#switchport mode trunk
%LINEPROTO-5-UPDOWN：Line protocol on Interface FastEthernet0/1，changed state to down
%LINEPROTO-5-UPDOWN：Line protocol on Interface FastEthernet0/1，changed state to up
%LINEPROTO-5-UPDOWN：Line protocol on Interface FastEthernet0/2，changed state to down
%LINEPROTO-5-UPDOWN：Line protocol on Interface FastEthernet0/2，changed state to up
SwitchA（config-if-range）#exit
```

步骤 02 启用快速生成树协议，交换机A与交换机B相同。

```
SwitchA（config）#spanning-tree
SwitchA（config）#spanning-tree mode rstp
SwitchA#show spanning-tree
```

步骤 03 设置交换机优先级，指定交换机A为根交换。

```
SwitchA（config）#spanning-tree priority 4096
```

步骤 04 验证交换机B的F0/1端口和F0/2端口的状态。

```
SwitchB#show spanning-tree interface f0/1
SwitchB#show spanning-tree interface f0/2
```

如果交换机A与交换机B的F0/1链路断掉，验证交换机B的F0/2端口的状态，并观察状态转换时间。

```
SwitchB#show spanning-tree interface f0/2
```

使用计算机观察是否依然能够通信。需要注意的是最好先配置好交换机，然后连接交换机，否则容易产生广播风暴，影响实验结果。

■ 6.3.5　内部网关协议RIP

路由信息协议（routing information protocol，RIP）是内部网关协议（interior gateway protocol，IGP）中最先得到广泛使用的协议。RIP是一种分布式的基于距离向量的路由选择协议，是因特网的标准协议，其最大优点就是简单。

RIP的距离也称为跳数，每经过一个路由器，跳数就加1。RIP认为一个好的路由就是它通过的路由器的数目少，即距离短。RIP允许一条路径最多只能包含15个路由器，因此距离的最大值为16时相当于不可达，可见RIP只适用于小型互联网。

RIP有3个要点：

- 仅和相邻路由器交换信息。
- 交换的信息是当前本路由器所知道的全部信息，即自己的路由表。

● 按固定的时间间隔交换路由信息。

这里要强调一点，路由器刚刚开始工作时，只知道直接连接的网络的距离（此距离定义为1）。以后，每个路由器也只和数目非常有限的相邻路由器交换并更新路由器信息。经过若干次的更新后，所有的路由器最终都会知道到达本自治系统中任何一个网络的最短距离和下一跳路由器的地址。RIP的收敛（convergence）过程较快。所谓收敛就是在自治系统中所有的节点都得到正确的路由选择信息的过程。

路由表中最主要的信息是到某个网络的距离（即最短距离），以及应经过的下一跳地址。路由表更新的原则是找出到每个目的网络的最短距离。这种更新算法又称为距离向量算法。

下面介绍RIP的配置方法。拓扑图如图6-27所示。

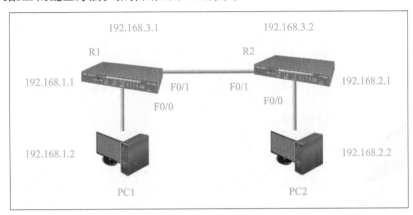

图 6-27 网络拓扑图

步骤 01 基础配置：在R1中配置好端口的IP地址信息，R2的配置过程与之相同。

```
Router>en
Router#conf ter
Enter configuration commands， one per line. End with CNTL/Z.
Router （config）#in f0/0
Router （config-if）#no shut
Router （config-if）#
%LINK-5-CHANGED：Interface FastEthernet0/0，changed state to up
%LINEPROTO-5-UPDOWN：Line protocol on Interface FastEthernet0/0，changed state to up
Router （config-if）#ip address 192.168.1.1 255.255.255.0
Router （config-if）#in f0/1
Router （config-if）#ip address 192.168.3.1 255.255.255.0
Router （config-if）#no shut
%LINK-5-CHANGED：Interface FastEthernet0/1，changed state to up
Router （config-if）#exit
Router （config）#
```

步骤 02 配置RIP协议：在R1中进行如下配置，在R2中也进行相同配置。

```
Router （config）#router rip                              //启动RIP配置
```

```
Router（config-router）#network 192.168.1.0          //申告直连网段192.168.1.0
Router（config-router）#network 192.168.3.0          //申告直连网段192.168.3.0
Router（config-router）#version 2                    //定义RIP协议V2
Router（config-router）#no auto-summary              //关闭路由器自动汇总
Router（config-router）#exit
```

完成后等待片刻，即可查看路由表，可以看到此时有个"R"标识的路由条目，这是RIP协议互相通告得到的，如图6-28所示。它的具体含义就是数据包要到192.168.2.0这个网段走F0/1端口发出。同样，路由器R2也有相关192.168.1.0网段的RIP条目出现，这时网络就畅通了。

```
Gateway of last resort is not set

C    192.168.1.0/24 is directly connected, FastEthernet0/0
R    192.168.2.0/24 [120/1] via 192.168.3.2, 00:00:04, FastEthernet0/1
C    192.168.3.0/24 is directly connected, FastEthernet0/1
Router(config)#
```

图 6-28　RIP 协议执行后结果

■6.3.6　内部网关协议OSPF

OSPF协议的全称为开放最短路径优先（open shortest path first），它是为克服RIP的缺点于1989年被开发出来的。

1. OSPF协议的特点

OSPF协议的特点有：

- 使用分布式的链路状态协议。
- 路由器发送的信息是本路由器与哪些路由器相邻，以及链路状态（包括距离、时延、带宽等）信息。
- 当链路状态发生变化时用洪泛法向所有路由器发送。
- 所有的路由器最终都能建立一个链路状态数据库。
- 为了能够用于规模很大的网络，OSPF将一个自治系统再划分为若干个更小的区域（area），一个区域内的路由器数不超过200个。

2. 自治系统内部的区域划分

划分区域的好处是将利用洪泛法交换链路状态信息的范围局限于每个区域而不是整个自治系统，这样就减少了整个网络的通信量。在一个区域内部的路由器只知道本区域的完整网络拓扑，而不知道其他区域的网络拓扑情况。

一个自治系统内部划分成若干区域与主干区域（backbone area），如图6-29所示，主干区域的标识符规定为0.0.0.0，其作用是连接多个其他的下层区域。主干区域内部的路由器叫作主干路由器（backbone router），连接各个区域的路由器叫作区域边界路由器（area border router）。区域边界路由器接收从其他区域来的信息，在主干区域内还要有一个路由器专门和该自治系统之外的其他自治系统交换路由信息，这种路由器叫作自治系统边界路由器。

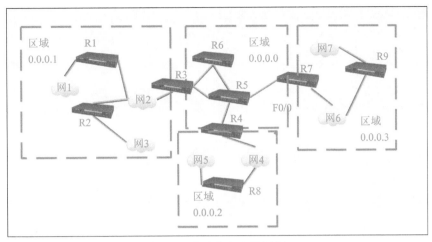

图 6-29　自治系统的区域划分

3. OSPF协议的执行过程

路由器的初始化过程：每个路由器用数据库描述分组和相邻路由器交换本数据库中已有的链路状态摘要信息，路由器使用链路状态请求分组，向对方请求发送自己所缺少的某些链路状态项目的详细信息，通过一系列的分组交换，建立全网同步的链路数据库。

网络运行过程：路由器的链路状态发生变化，该路由器就要使用链路状态更新分组，用洪泛法向全网更新链路状态。每个路由器计算出以本路由器为根的最短路径树，根据最短路径树更新路由表。

路由器定期（默认为每10 s）在广播域中通过组播224.0.0.5使用Hello包来发现邻居，所有运行OSPF的路由器都侦听和定期发送Hello分组。

OSPF路由器建立了邻居关系之后，它们并不是任意地交换链路状态信息，而是在建立了邻接关系的路由器之间相互交换来同步形成相同的拓扑表，即每个路由器只会跟DR（指定路由器）和BDR（备份指定路由器）形成邻接关系来交换链路状态信息。

4. OSPF的配置

OSPF可以将自治系统划分为多个区域。下面将图6-30所示的网络划分为3个区域，其中R2与R3之间的区域为主干区域Area 0。具体配置步骤如下：

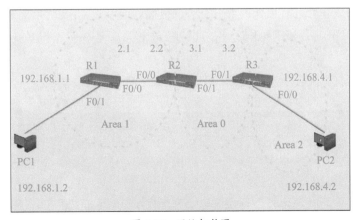

图 6-30　网络拓扑图

步骤01 首先进行R1的基础配置，主要是配置它的两个端口的IP地址。

```
Router>en
Router#config ter
Enter configuration commands，one per line. End with CNTL/Z.
Router（config）#hostname R1
R1（config）#in f0/1
R1（config-if）#ip address 192.168.1.1 255.255.255.0
R1（config-if）#no shut
R1（config-if）#in f0/0
R1（config-if）#ip address 192.168.2.1 255.255.255.0
R1（config-if）#no shut
R1（config-if）#exit
```

完成后，按照该方法为R2和R3也进行同样的配置。

步骤02 进入R1，进行OSPF的配置。

```
R1（config）#router ospf 1                              //开启并进入OSPF进程1配置
R1（config-router）#network 192.168.1.0 0.0.0.255 area 1   //申请直连网段并分配区域号
R1（config-router）#network 192.168.2.0 0.0.0.255 area 1
R1（config-router）#end
```

完成后，按照该方法进入R2和R3，进行同样的配置，注意不要弄错区域号。稍等片刻，等待路由收敛后，使用PC1 ping PC2，如果是可以通信的，就证明OSPF配置成功。

查看路由表，可以发现OSPF协议的路由项是使用"O"标识的，如图6-31所示。

```
Gateway of last resort is not set

C    192.168.1.0/24 is directly connected, FastEthernet0/1
C    192.168.2.0/24 is directly connected, FastEthernet0/0
O IA 192.168.3.0/24 [110/2] via 192.168.2.2, 00:19:05, FastEthernet0/0
O IA 192.168.4.0/24 [110/3] via 192.168.2.2, 00:19:05, FastEthernet0/0
R1#
```

图 6-31　路由表

在该例中，设置IP地址时后面的部分是子网掩码，而设置OSPF时后面的部分叫作反码，其值基本上相当于255-子网掩码的值。用户也可以理解为反码中0代表该位为确定项，而255表示该位为可变项。

最后，完成所有配置后一定要保存，可以使用如下命令。

```
Router#copy running-config startup-config                    //保存当前的配置
```

或者使用如下命令：

```
Router#write
```

注意，当前模式为全局模式。

拓展阅读

　　探索建立面向未来的量子信息设施和试验环境，持续推进国家新型互联网交换中心、国家互联网骨干直联点结构优化和规模试点。

——《"十四五"国家信息化规划》

课后作业

一、单选题

1. 在选择根桥时，首先需要查看交换机的（　　　）。

　A. 优先级　　　　　　　　　　　　B. MAC地址

　C. 配置　　　　　　　　　　　　　D. PID

2. VLAN之间如果需要通信，需要使用（　　　）。

　A. 交换机　　　　　　　　　　　　B. 路由器

　C. 网卡　　　　　　　　　　　　　D. 集线器

二、多选题

1. 大型企业将网络进行分层设计，一般会包括（　　　）。

　A. 接入层　　　　　　　　　　　　B. 汇聚层

　C. 网络层　　　　　　　　　　　　D. 核心层

2. VLAN的划分可以基于（　　　）。

　A. 网卡　　　　　　　　　　　　　B. 端口

　C. MAC地址　　　　　　　　　　　D. IP地址

3. 网络环路会造成（　　　）。

　A. 网络风暴　　　　　　　　　　　B. 拥塞

　C. 多帧复制　　　　　　　　　　　D. MAC地址表不稳定

三、简答题

简述大型企业局域网的IP地址划分需要注意哪些方面。

四、动手练

1. 按照拓扑图6-20，动手配置VLAN。

2. 按照拓扑图6-22，动手配置链路聚合。

3. 按照拓扑图6-26，动手配置生成树协议。

4. 按照拓扑图6-27，动手配置内部网关协议RIP。

5. 按照拓扑图6-30，动手配置内部网关协议OSPF。

第 7 章

网络服务的
创建与管理

📖 内容概要

　　除了网络设备，在企业局域网中还经常会使用各种服务器为局域网中的设备提供各种服务，包括常见的Web服务、FTP服务、DHCP服务和DNS服务等，用来提供网页浏览、文件传输与共享、IP地址分配、域名解析等功能。本章将着重介绍网络服务器的搭建和管理。

🔆 知识要点

　　虚拟机的安装及配置。
　　Windows Server 2022的安装。
　　常见服务器的搭建及配置管理。

7.1 服务器简介

前面在介绍局域网时提到了服务器，服务器是指在网络中提供各种服务的设备，用来响应客户端的服务请求，处理后将结果返回给客户端。服务器的构成包括处理器、硬盘、内存、系统总线等，和通用的计算机架构类似，但是由于需要提供高可靠的服务，因此在处理能力、稳定性、可靠性、安全性、可扩展性、可管理性等方面要求较高。

■7.1.1 服务器的分类

常见的服务器包括塔式服务器、机架式服务器、刀片式服务器、机柜式服务器等。

1.塔式服务器

塔式服务器是一种常见的服务器结构类型，其外形和结构类似于日常使用的立式PC机。由于服务器的主板尺寸更大，可以容纳更多的扩展插槽和组件，因此塔式服务器通常具有较高的性能和较好的扩展性。此外，塔式服务器的主机机箱比普通PC机的标准机箱要大，这样可以预留一定的内部空间用于硬盘和电源的冗余扩展。

塔式服务器通常配置较高，具有较好的冗余扩展功能，能够提供高性能和可靠性的服务。因此，在企业级计算、数据中心、云计算等应用场景中，塔式服务器得到了广泛应用。

图 7-1 塔式服务器

2.机架式服务器

机架式服务器的外形看来不像计算机，而像交换机，如图7-2所示，有1U、2U、4U等规格。机架式服务器安装在标准的19英寸机柜里面，这种结构的服务器多为功能型服务器。

图 7-2 机架式服务器

对于信息服务企业〔如ISP（因特网服务提供方）、ICP（因特网内容提供者）等〕而言，选择服务器时首先要考虑服务器的体积、功耗、发热量等物理参数。（信息服务企业通常使用大型专用机房统一部署和管理大量的服务器资源，机房往往设有严密的保安措施、良好的冷却系统、多重备份的供电系统等，造价相当昂贵。）为控制服务成本，需要在有限的空间内部署更多的服务器，因此通常选用机械尺寸符合19英寸工业标准的机架式服务器。机架式服务器也有多种规格，例如，1U、2U、4U、6U、8U等。通常1U的机架式服务器最节省空间，但性能和可扩展性较差，适合一些业务相对固定的使用领域；4U以上的产品性能较高，可扩展性好，一般支持4个以上的高性能处理器和大量的标准热插拔部件，其管理也十分方便，厂商通常提供相应的管理和监控工具，适合大访问量的关键应用，但体积较大，空间利用率不高。

3. 刀片式服务器

刀片式服务器是指在标准高度的机架式机箱内可插装多个卡式的服务器单元，实现高可用和高密度，如图7-3所示。每一块"刀片"实际上就是一块系统主板。它们可以通过"板载"硬盘启动自身的操作系统，如Windows、Linux等，类似于一个个独立的服务器。在这种模式下，每一块母板运行自己的系统，服务于指定的不同用户群，相互之间没有关联，因此相较于机架式服务器和机柜式服务器，单片母板的性能较低。不过，管理员可以使用系统软件将这些母板集合成一个服务器集群，在集群模式下，所有的母板可以连接起来提供高速的网络环境，并同时共享资源，为相同的用户群服务。在集群中插入新的"刀片"，就可以提高整体性能。由于每块"刀片"都可以热插拔，因此，可以轻松地替换系统，缩减维护时间。

图 7-3　刀片式服务器

4. 机柜式服务器

在一些大型企业中，内部网络结构复杂、设备较多，通常会将几种不同的服务器都放在同一个机柜中，这种组合就是机柜式服务器。机柜式服务器通常由机架式服务器、刀片式服务器再加上其他设备组合而成。

■7.1.2　服务器中的常见服务及功能

一台服务器可以安装一种服务，也可以安装多种服务。服务安装完毕，就可以将该服务器称为对应这种服务的服务器。

常见的服务器以及对应的功能有以下几种：

● **Web服务器**：提供网页服务，是用户浏览网页时网站所在的服务器。

- **FTP服务器**：提供上传、下载功能的服务器，也可称为文件服务器。
- **邮件服务器**：提供电子邮件发送、接收服务的服务器。
- **打印服务器**：连接打印机并在局域网中提供共享打印操作的服务器。
- **数据库服务器**：提供数据的科学存储、分类、查询、调取等功能的服务器。
- **DNS服务器**：提供域名与IP地址解析的服务器。
- **DHCP服务器**：负责局域网中IP地址的发放。
- **AD服务器**：负责活动目录存放的域功能服务器。
- **VPN服务器**：负责远程虚拟专线连接。
- **NAT服务器**：负责将私有地址转换成公网地址，提供外网连接服务。
- **OA服务器**：提供办公自动化服务的服务器。
- **流媒体服务器**：提供视频点播服务。
- **无盘服务器**：为局域网提供高速数据服务，免去客户机安装硬盘的服务器。

此外还有监控服务器、游戏更新服务器、AP管理服务器、视频会议服务器等。用户可以根据需要，购买专业软件进行安装配置后即可使用。

7.2 服务器系统的安装及配置

常用的服务器系统有Windows Server系列和Linux的各种服务器发行版。下面以Windows Server 2022为例介绍该系统的安装过程。在安装之前，首先介绍一款虚拟机软件VMware Workstation Pro。

■7.2.1 虚拟机的安装

虚拟机即虚拟计算机，是现在一种非常常见的虚拟软件。利用虚拟机，可以在一台计算机中完成复杂的网络和终端环境搭建，对于各种实验来说非常简单、安全、可靠。最常见的虚拟机软件就是VMware Workstation Pro，下面介绍该软件的安装及配置。安装程序可以到VMware官网中下载试用版，如图7-4所示。

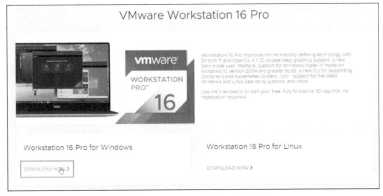

图 7-4　VMware 官网下载页面

运行下载的安装程序，按照正常的软件安装步骤安装即可，如图7-5所示，建议安装到非系统分区。安装完毕后，会自动弹出软件主界面，如图7-6所示。

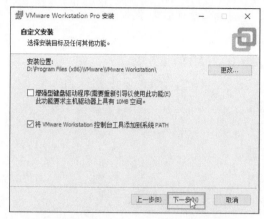

图 7-5   VMware Workstation Pro 安装界面

图 7-6   VMware Workstation 主界面

■7.2.2   安装前的配置

Windows Server 2022是微软公司研发的服务器操作系统，于2021年11月5日发布。

Windows Server 2022建立在Windows Server 2019的基础之上，在以下关键主题上引入了许多创新：安全性、Azure混合集成和管理以及应用程序平台。此外，可借助Azure版本，利用云的优势使VM保持最新状态，同时最大限度地减少停机时间。读者可以到官网申请试用。

在正式安装前，需要先配置虚拟机，完成安装环境的配置。配置虚拟机的步骤如下：

步骤01 启动虚拟机VM，在主界面的"文件"选项卡中选择"新建虚拟机"选项，如图7-7所示。

步骤02 在弹出的"新建虚拟机向导"界面中，单击"自定义(高级)"按钮，并单击"下一步"按钮，如图7-8所示。

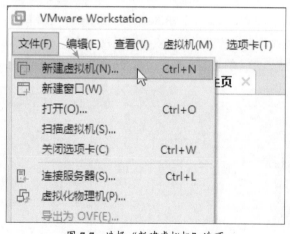

图 7-7   选择"新建虚拟机"选项

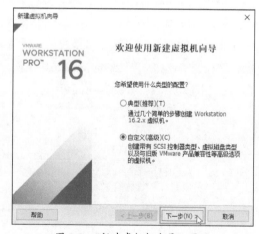

图 7-8   "新建虚拟机向导"界面

步骤03 在"选择虚拟机硬件兼容性"界面中，保持默认设置，单击"下一步"按钮，如图7-9所示。

步骤04 选择"稍后安装操作系统"选项，单击"下一步"按钮，如图7-10所示。

步骤05 选择"Microsoft Windows"选项，并从版本中找到并选择"Windows Server 2019"选项，单击"下一步"按钮，如图7-11所示。

步骤 06 在"命名虚拟机"界面中，设置一个容易区分的名称，并设置保存位置。建议放在非系统盘，并设置一个文件夹专门放置虚拟机文件，单击"下一步"按钮，如图7-12所示。

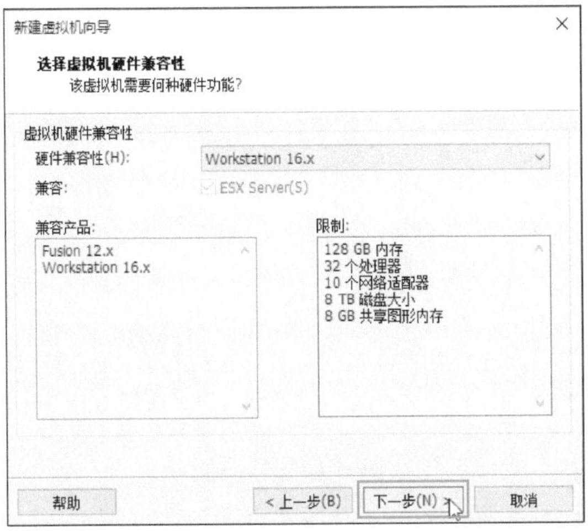

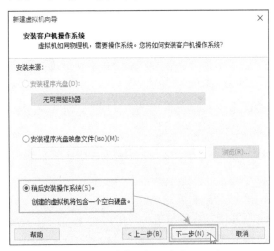

图 7-9　"选择虚拟机硬件兼容性"界面　　　　图 7-10　"安装客户机操作系统"界面

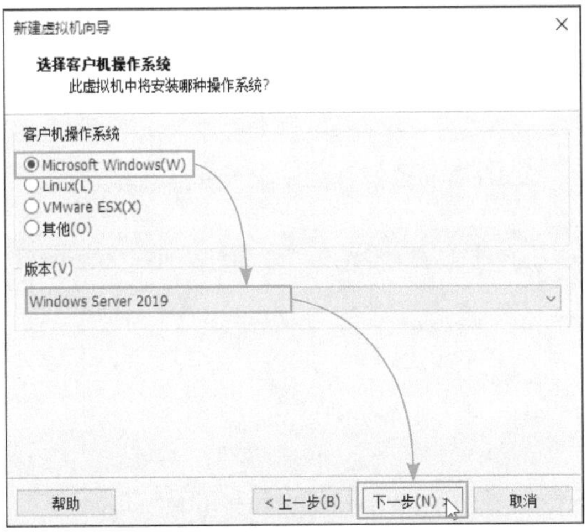

图 7-11　"选择客户机操作系统"界面 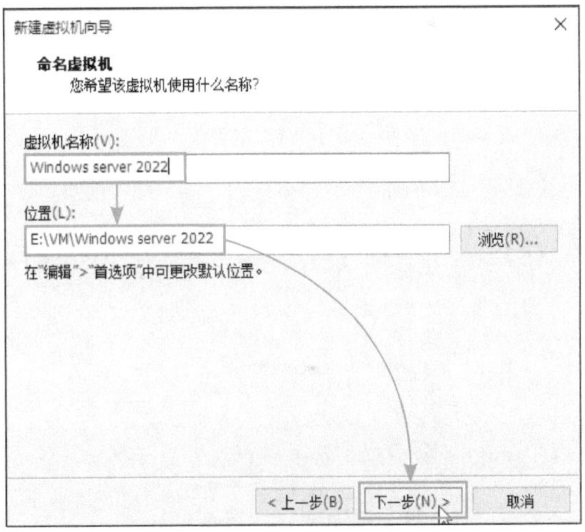　　　　图 7-12　"命名虚拟机"界面

步骤 07 在"固件类型"界面中，保持默认设置，单击"下一步"按钮，如图7-13所示。

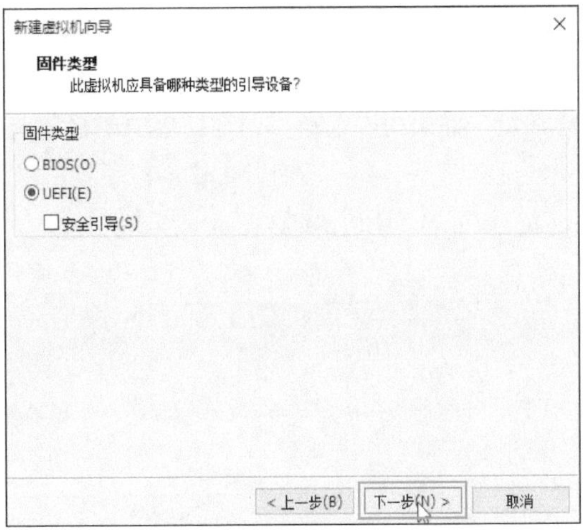

图 7-13　"固件类型"界面

步骤 08 根据用户真实机器的CPU情况，设置分配给虚拟机的CPU资源，完毕后单击"下一步"按钮，如图7-14所示。

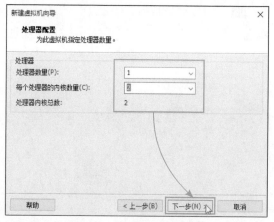

图 7-14　"处理器配置"界面

步骤 09 设置分配给虚拟机的内存大小，完成后单击"下一步"按钮，如图7-15所示。

步骤 10 设置虚拟机网络，保持默认的"使用网络地址转换(NAT)"选项即可，单击"下一步"按钮，如图7-16所示。

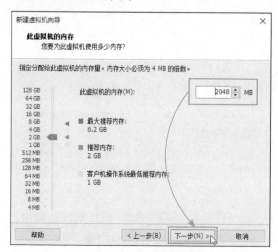

图 7-15　设置虚拟机内存界面

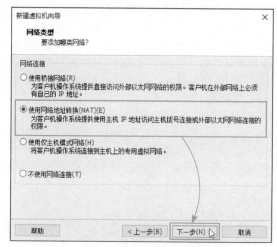

图 7-16　设置虚拟机网络类型界面

步骤 11 设置I/O控制器界面，保持默认设置。设置磁盘类型界面，也保持默认设置。在"选择磁盘"界面中，选择"创建新虚拟磁盘"选项，单击"下一步"按钮，如图7-17所示。

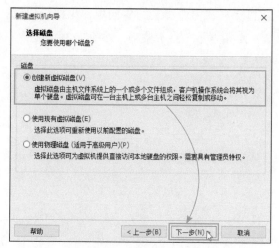

图 7-17　"选择磁盘"界面

步骤12 设置虚拟机所使用的磁盘大小，并选择"将虚拟磁盘拆分成多个文件"选项，单击"下一步"按钮，如图7-18所示。

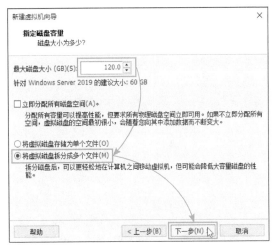

图 7-18　设置磁盘大小界面

步骤13 指定磁盘界面保持默认设置，完成配置界面，单击"自定义硬件"按钮，如图7-19所示。

图 7-19　完成设置虚拟机界面

步骤14 选择"新CD/DVD"选项，再在右侧选择"使用ISO映像文件"选项，单击"浏览"按钮找到下载好的系统镜像文件并选择后，单击"关闭"按钮，如图7-20所示。

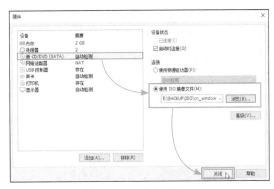

图 7-20　硬件设置界面

步骤15 返回到"已准备好创建虚拟机"界面中，单击"完成"按钮，即可完成虚拟机的设置，如图7-21所示。虚拟机设置完毕，接下来就可以启动并安装操作系统了，如图7-22所示。

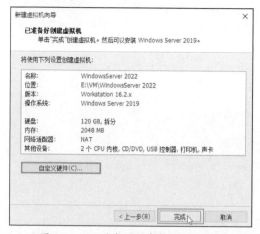

图 7-21 "已准备好创建虚拟机"界面

图 7-22 虚拟机详细信息界面

■ 7.2.3 开始安装Windows Server 2022

启动虚拟机后就可以正式安装Windows Server 2022了。如果读者使用真实的计算机安装，可以将镜像刻录到U盘上，或者进入到PE环境中，将ISO镜像加载到虚拟光驱中安装，或者使用部署的方法进行安装。下面介绍在虚拟机上安装Windows Server 2022的步骤。

步骤 01 打开虚拟机，单击▶按钮，启动虚拟机，在启动界面按键盘的任意键，启动安装，如图7-23所示。这是原版系统安装操作系统的正常步骤。

```
Press any key to boot from CD or DVD......
```

图 7-23 启动虚拟机

步骤 02 选择要安装的语言、时间和货币格式、键盘和输入方法等，或保持默认设置，单击"下一页"按钮即可，如图7-24所示。

步骤 03 单击"现在安装"按钮，如图7-25所示。

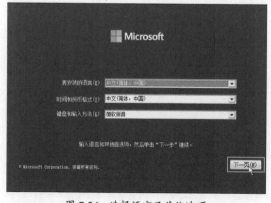

图 7-24 选择语言及其他选项

图 7-25 "现在安装"界面

步骤 04 在激活界面，单击"我没有产品密钥"按钮，在安装后再激活，如图7-26所示。

步骤 05 选择产品版本，选择"Windows Server 2022 Datacenter（Desktop Experience）"，单击"下一页"按钮，如图7-27所示。

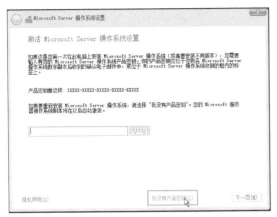

图 7-26　激活界面

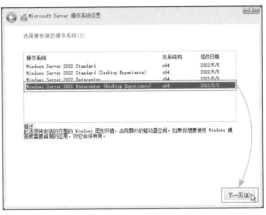

图 7-27　选择版本

步骤 06 同意协议后，选择"自定义：仅安装Microsoft Server操作系统（advanced(C)）"选项，如图7-28所示。

步骤 07 当前有一个硬盘，需要对硬盘进行分区，单击"新建"按钮，并给系统盘设置大小，注意单位是MB，完成后单击"应用"按钮，如7-29所示。

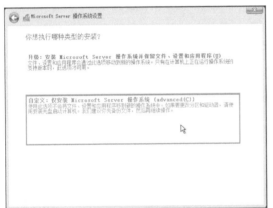

图 7-28　选择安装类型

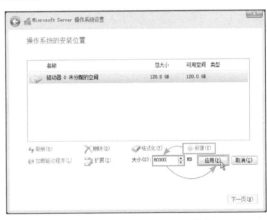

图 7-29　安装位置及设置系统盘大小

步骤 08 安装程序提示需要创建额外分区，单击"确定"按钮，如图7-30所示。

步骤 09 系统自动创建所需的额外分区，在其他"未分配的空间"上继续创建分区，完毕后选择需要安装操作系统的分区，单击"下一页"按钮，如图7-31所示。

图 7-30　提示信息框

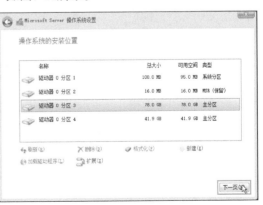

图 7-31　选择分区

步骤 10 系统复制文件，开始自动安装，待完成后自动启动，最后进入设置界面中。首先设置管理员密码，单击"完成"按钮，如图7-32所示。

步骤 11 进入登录界面后，使用Ctrl+Alt+Delete组合键解锁，输入刚才设置的密码就可以进入系统中，接着会弹出"服务器管理器"界面，如图7-33所示。

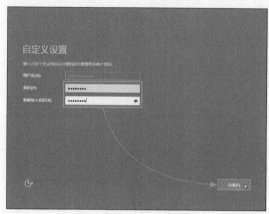

图 7-32　初始设置界面

图 7-33　"服务器管理器"界面

■7.2.4　安装完毕的后续设置

完成Windows Server 2022的安装后，还需要做以下几项操作。

1. 更新Windows Server 2022

为了确保Windows Server 2022的功能和安全性，需要先激活，然后对Windows Server 2022系统进行更新，如图7-34所示。更新完毕，可以查看当前的系统版本，如图7-35所示。

图 7-34　系统更新

图 7-35　查看系统版本

2. 设置固定IP地址

无论使用服务器搭建任何服务，都要先将服务器的IP地址设置为固定模式。服务器和普通计算机不同，需要固定的IP地址才能设置侦听请求的网卡以及其他功能，经常变换IP地址会对整个服务器的服务造成影响。因此在安装完毕后，用户需要到"网络"中，设置服务器的IP地址，如图7-36所示。如果不需要服务器连接外网，也可以只设置IP地址和子网掩码。设置完毕后，使用其他计算机ping服务器，如果可以ping通，如图7-37所示，就完成了实验环境的搭建。如果无法ping通，可以暂时关闭防火墙，在实验无误的情况下再开启防火墙并制订出入站规则即可。

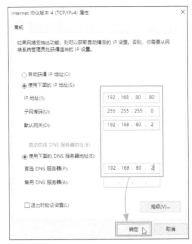

图 7-36 设置 IP 地址

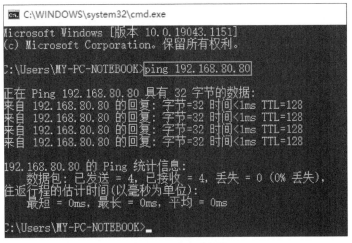

图 7-37 ping 服务器

3. 安装VM工具

VM工具的作用：一方面可以提高显示效果，可以随意扩大或缩小虚拟机的分辨率；另一方面可以和真实机之间相互进行文件的拖动。用户可以在菜单栏单击"虚拟机"下拉按钮，选择"安装VMware Tools"选项，如图7-38所示；然后按提示步骤安装即可，如图7-39所示。

图 7-38 安装 VMware Tools 选项

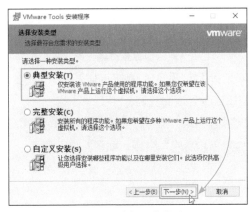

图 7-39 选择安装类型

4. 创建VM快照

VM快照就像系统备份，但更便于使用，可以在任意时刻创建快照。快照的作用是：无论在虚拟机中做了什么操作，都可以在任意时刻还原到该快照的状态，这对于新手来说非常友好。创建快照的方法是：在"虚拟机"下拉列表的"快照"级联菜单中选择"拍摄快照"选项，如图7-40所示，然后在弹出的界面中设置名称及描述，单击"拍摄快照"按钮即可，如图7-41所示。

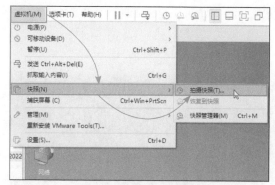

图 7-40　选择拍摄快照选项

图 7-41　设置名称及描述

7.3 常见服务器的搭建

完成了操作系统的安装后，接着介绍一些常见的网络服务及其搭建方法。

■7.3.1 搭建DHCP服务器

DHCP服务器主要是为了解决局域网IP地址人工分配的问题。建立DHCP服务器后，服务器会自动分发IP地址、子网掩码、网关、DNS等信息。下面介绍DHCP服务器的搭建过程。如果是使用虚拟机进行实验，应切换到无DHCP分配的网络，否则会出现验证不成功的情况。另外，实验前先为DHCP服务器配置一个固定的IP地址，以方便网络环境的搭建。

1. 安装DHCP服务器

Windows Server服务器的所有服务都需要安装并启用后，才能使用该功能。首先介绍DHCP服务器的安装。

步骤 01 启动"服务器管理器"界面，单击"添加角色和功能"链接，如图7-42所示。

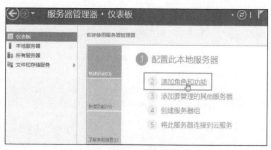

图 7-42　"服务器管理器"界面

步骤 02 进入到"添加角色和功能向导"界面中，勾选"默认情况下将跳过此页"复选框，单击"下一步"按钮，如图7-43所示。

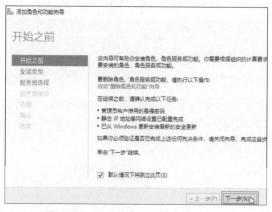

图 7-43　"添加角色和功能向导"界面

步骤 03 保持默认设置，单击"下一步"按钮，如图7-44所示。

步骤 04 选择搭建的服务器，保持默认设置，单击"下一步"按钮，如图7-45所示。

图 7-44　选择安装类型

图 7-45　选择服务器

步骤 05 从列表中找到并勾选"DHCP服务器"复选框，如图7-46所示。

步骤 06 在弹出的界面中，单击"添加功能"按钮，如图7-47所示。

图 7-46　选择服务

图 7-47　添加 DHCP 服务器功能

步骤 07 返回后，单击"下一步"按钮，如图7-48所示。

步骤 08 选择功能，保持默认设置，单击"下一步"按钮，如图7-49所示。

图 7-48　选择服务

图 7-49　选择功能

步骤 **09** 查看注意事项，完成后单击"下一步"按钮，如图7-50所示。

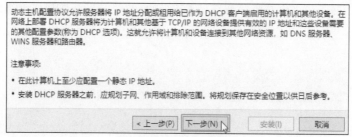

图 7-50　注意事项界面

步骤 **10** 核对信息后，单击"安装"按钮，如图7-51所示。

步骤 **11** 服务开始安装，如图7-52所示。

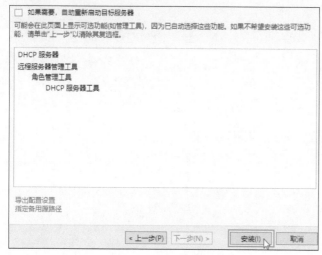

图 7-51　信息显示界面

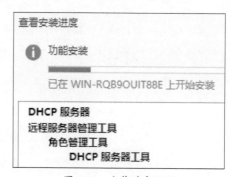

图 7-52　安装进度显示

步骤 **12** 完成后会弹出成功提示，如图7-53所示，关闭该界面，完成安装。

图 7-53　安装成功提示

2. 配置DHCP服务器

在创建了DHCP服务器后，需要对地址池和分配方式进行设置才能正常使用。设置的步骤如下：

步骤 **01** 在"服务器管理器"界面中单击"工具"下拉按钮，选择"DHCP"选项，如图7-54所示。

步骤 **02** 在弹出的"DHCP"管理器中，展开左侧的服务器，在"IPv4"图标上单击鼠标右键，选择"新建作用域"选项，如图7-55所示。

图 7-54 选择 "DHCP" 选项

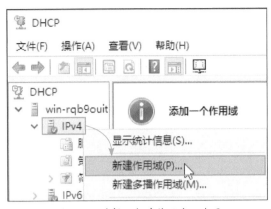

图 7-55 选择 "新建作用域" 选项

步骤 03 启动 "配置向导" 后，设置作用域的名称和描述，单击 "下一页" 按钮，如图7-56 所示。

步骤 04 设置分配的起始IP地址、结束IP地址和子网掩码，完成后单击 "下一页" 按钮，如 图7-57所示。

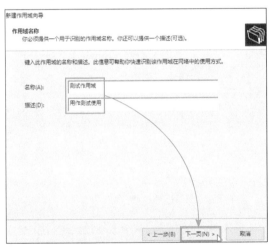

图 7-56 设置作用域名称和描述

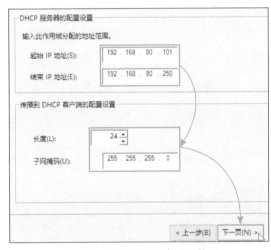

图 7-57 设置 IP 地址与子网掩码

步骤 05 设置地址段中需要排除的IP地址，如 果没有，则单击 "下一页" 按钮，如图7-58 所示。

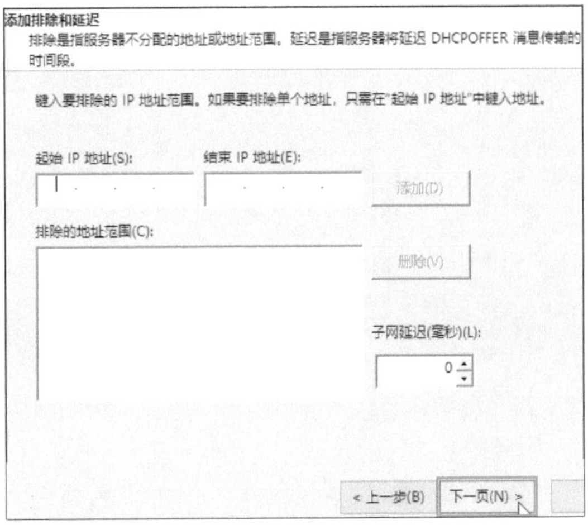

图 7-58 添加排除和延迟

步骤06 设置租用期限，保持默认设置，单击"下一页"按钮，如图7-59所示。

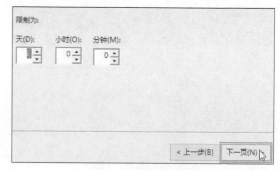

图 7-59　设置租用期限

步骤07 系统提示是否配置其他参数，如果不需要客户机上网，则选择选项"否，我想稍后配置这些选项"；这里为了更全面地了解设置，选择选项"是，我想现在配置这些选项"，再单击"下一页"按钮，如图7-60所示。

步骤08 配置网关IP地址，完成后单击"下一页"按钮，如图7-61所示。

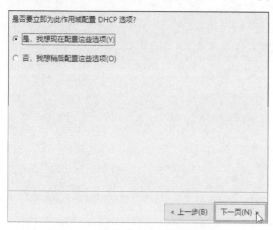

图 7-60　是否立即配置选项的设置

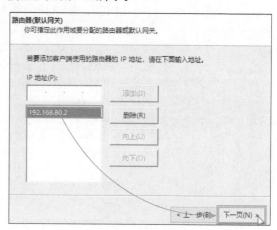

图 7-61　配置网关

步骤09 接下来的界面是配置域名、DNS服务器和WINS服务器，因为局域网中无须设置这些服务，所以保持默认设置即可；最后系统提示是否激活此作用域，选中"是，我想现在激活此作用域"选项，并单击"下一页"按钮，如图7-62所示。至此，DHCP服务器的配置工作就结束了。

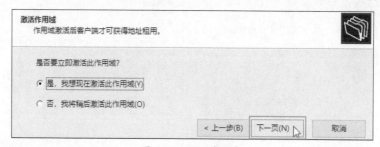

图 7-62　激活作用域

■7.3.2　搭建DNS服务器

　　DNS（domain name system，域名系统），作为域名和IP地址相互映射的一个分布式数据库，能够使用户更方便地访问互联网（不用去记住那些IP地址数字串）。通过域名，最终得到该域名对应的IP地址的过程叫作域名解析（或主机名解析）。DNS协议运行在UDP协议之上，使用端口号53。在局域网中，可以搭建DNS服务器，用于局域网中的域名查询和IP地址转换。在域控制器和邮件系统中，也需要使用DNS。

1. 域名结构

在DNS中，域名空间采用分层结构，包括根域、顶级域、二级域和主机名称。域名空间类似于一棵倒置的树，其中根作为最高级别，大树枝属于下一级别，树叶属于最低级别。一个区域就是DNS域名空间中的一部分，维护着该域名空间的数据库记录。在域名层次结构中，每一层称作一个域，每个域用一个点号"."分开，域又可以进一步分成子域，每个域都有一个域名，最底层是主机，如图7-63所示。

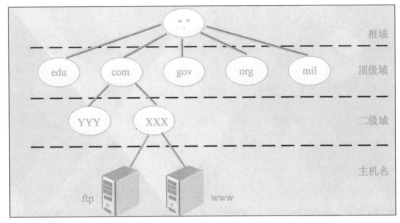

图 7-63　DNS 的分层结构

根域由因特网域名注册授权机构管理，该机构负责把域名空间各部分的管理责任分配给连接到因特网的各个组织。通常Internet主机域名的一般结构为：主机名.三级域名.二级域名.顶级域名。

2. DNS查询过程

一个完整的域名，如www.test.com.cn，它的DNS查询过程如图7-64所示。

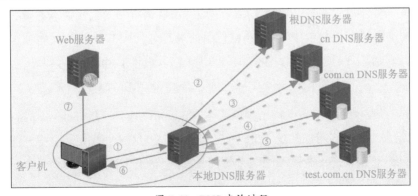

图 7-64　DNS 查询过程

查询过程的说明如下：

① 客户机将www.test.com.cn的查询传递给本地的DNS服务器。

② 本地DNS服务器检查区域数据库，发现此服务器没有test.com.cn域的授权，因此，它将查询传递到根服务器，请求解析主机名称。根DNS服务器把cn的DNS服务器的IP地址返回给本地DNS服务器。

③ 本地DNS服务器将请求发送给cn的DNS服务器，服务器根据请求将com.cn的DNS服务器的IP地址返回给本地DNS服务器。

④ 本地DNS服务器向com.cn的DNS服务器发送请求，此服务器根据请求将test.com.cn的DNS服务器的IP地址返回给本地DNS服务器。

⑤ 本地DNS服务器向test.com.cn的DNS服务器发送请求，由于此服务器有该记录，因此它将www.test.com.cn的IP地址返回给本地DNS服务器。

⑥ 本地DNS服务器将www.test.com.cn的IP地址发送给客户机。

⑦ 域名解析成功后，客户机可以访问目标主机。

为提高解析效率，减少开销，每个DNS服务器都有一个高速缓存，存放最近解析的域名和对应的IP地址。这样，当用户下次再查找该主机时，可以跳过某些查找过程，直接从本地DNS服务器中查找到该主机的IP地址，从而大大缩短了查询时间，加快了查询过程。

3. 递归与迭代查询

在以上域名查询过程中有两种查询的类型：递归查询和迭代查询。

递归查询是指当DNS服务器收到查询请求后，要么做出查询成功的响应，要么做出查询失败的响应。在本例中，客户机向本地DNS服务器查询，服务器最后给出解析，就是递归查询。

迭代查询是指DNS服务器根据自己的高速缓存或区域的数据，以最佳结果作答，如果DNS服务器无法解析，它就返回一个指针。指针指向有下级域名的DNS服务器，它继续该过程，直到找到拥有所查询名字的DNS服务器，或者直到出错或超时为止。本例中，本地DNS服务器向根域等DNS服务器的查询过程就是迭代查询。

4. 正向查询与反向查询

以上由域名查询IP地址的过程属于正向查询，而由IP地址查询域名的过程就是反向查询了。反向查询要求对每个域名进行详细搜索，这需要花费很长时间。为解决该问题，DNS标准定义了一个名为in-addr.arpa的特殊域。该域遵循域名空间的层次命名方案，它是基于IP地址，而不是基于域名，其中IP地址的8位位组的顺序是反向的，例如，如果客户机要查找192.168.80.80的FQDN客户机，就查询域名80.80.168.192.in-addr.arpa的记录即可。

5. 主机名

在Windows平台中，使用命令行工具输入"nslookup"+网址（如nslookup www.bhp.com.cn），返回的结果包括域名对应的IP地址（A记录）、别名（CNAME记录）等。除了以上方法外，还可以通过一些DNS查询站点查询，如国内外查询域名的DNS信息服务站点。

常用的资源记录类型有：

- **A记录**：此记录列出特定主机名的IP地址，这是名称解析的重要记录。
- **CNAME**：此记录指定标准主机名的别名。
- **MX**：邮件交换器，此记录列出了负责接收发到域中的电子邮件的主机。

● **NS**：名称服务器，此记录指定负责给定区域的名称服务器。

例如，www.baidu.com，其中www就是主机名，也就是A记录。

6. 安装DNS服务器

下面介绍DNS服务器的安装，因为都使用了向导，所以重复的部分就不再赘述了，仅对关键配置进行截图介绍。

步骤 01 在"服务器管理器"界面中打开"添加角色和功能"向导，选择本地服务器后，进入"服务器角色"功能界面，勾选"DNS服务器"复选框，如图7-65所示。

步骤 02 进入到DNS功能添加界面，保持默认设置，单击"添加功能"按钮，如图7-66所示。

图 7-65　服务器角色界面　　　　图 7-66　DNS功能添加界面

步骤 03 进入"功能"界面中，保持默认设置，进入"注意事项"界面，保持默认设置，最后确认信息后，单击"安装"按钮，如图7-67所示。

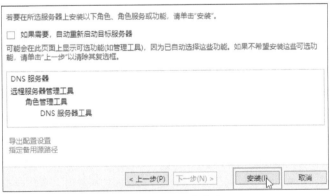

图 7-67　确认信息界面

步骤 04 稍等片刻后完成安装，如图7-68所示。

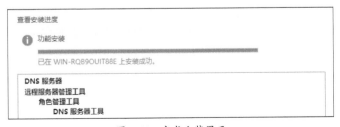

图 7-68　完成安装界面

7. 配置DNS服务

DNS的配置过程主要是设置作用域的过程，下面介绍具体的设置步骤。

步骤 01 在"服务器管理器"界面中，单击"工具"下拉按钮，选择"DNS"选项，如图7-69所示。

步骤 02 在"DNS管理器"界面中，展开服务器，在"正向查找区域"上单击鼠标右键，选择"新建区域"选项，如图7-70所示。

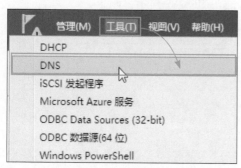

图 7-69　选择"DNS"选项

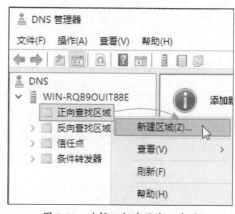

图 7-70　选择"新建区域"选项

步骤 03 进入配置向导后，选择创建的区域类型，这里选择"主要区域"选项，单击"下一步"按钮，如图7-71所示。输入创建的区域名称，如图7-72所示。

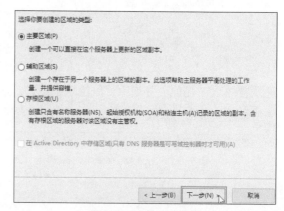

图 7-71　选择区域类型

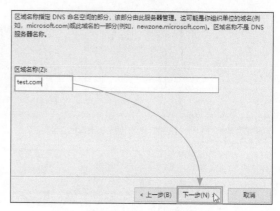

图 7-72　输入区域名称

步骤 04 选择区域文件。因为是新建，保持默认设置，单击"下一步"按钮，如图7-73所示。

步骤 **05** 设置是否允许动态更新。因为是本地使用，所以保持默认设置，单击"下一步"按钮，如图7-74所示。

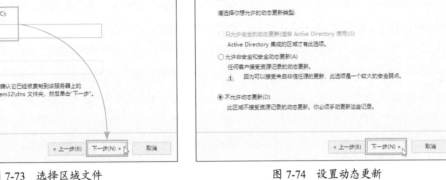

图 7-73　选择区域文件　　　　　　　　　图 7-74　设置动态更新

系统弹出创建完成的提示，至此，区域配置完成。

8. 创建主机记录

A记录就是主机名，如www.baidu.com，其中baidu.com是域名，www是主机名，也就是A记录。下面介绍创建主机记录的方法。

步骤 **01** 在"DNS管理器"界面中，展开并找到之前创建的"test.com"域，在其上单击鼠标右键，选择"新建主机(A或AAAA)"选项，如图7-75所示。

图 7-75　选择"新建主机(A 或 AAAA)"选项

步骤 **02** 设置主机名称和解析的IP地址，单击"添加主机"按钮，如图7-76所示。

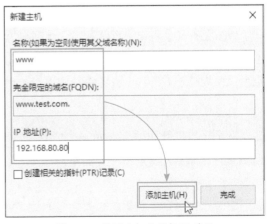

图 7-76　设置主机名称与 IP 地址

步骤 **03** 创建成功，系统弹出提示信息，如图7-77所示。用户可以在对应的区域中，找到刚才创建的主机记录，如图7-78所示。

图 7-77　提示信息

图 7-78　查看主机记录

9. 创建转发器

转发器的作用是将无法解析的域名向转发器申请查询，相当于默认DNS设置。创建转发器的步骤为选中服务器，并双击"转发器"选项，如图7-79所示，编辑并输入外网DNS的IP地址即可，如图7-80所示。这样不仅刚才创建的本地域名可以解析，外网的域名也可以解析了。

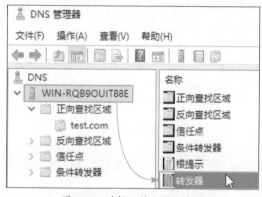

图 7-79　选择"转发器"选项

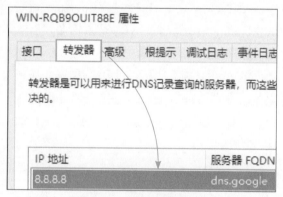

图 7-80　编辑IP地址界面

■7.3.3　搭建Web服务器

Web服务器也叫作网页服务器，为网页文件提供存储，并提供对网页的访问服务。用户在本地就可以创建，可以使用系统自带的如Windows的IIS服务、Linux的Apache服务进行创建，也可以使用第三方工具，或者手动使用Apache的Windows版本进行创建。

1. 安装Web服务器

下面介绍使用Windows Server 2022安装Web服务器的操作步骤。

步骤 **01** 在"服务器管理器"界面中，单击"管理"下拉按钮，选择"添加角色和功能"选项，如图7-81所示。

步骤 **02** 启动向导后保持默认设置，进入到"服务器角色"界面中，勾选"Web服务器(IIS)"复选框，如图7-82所示。

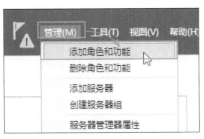

图 7-81 选择"添加角色和功能"选项

图 7-82 选择"Web 服务器 (IIS)"角色

步骤 03 保持默认设置，直到进入最后的确认安装界面中，安装完毕后，弹出成功提示信息，如图7-83所示。

图 7-83 安装成功提示

步骤 04 此时，使用服务器或者局域网中的其他计算机访问服务器IP地址时，会弹出IIS的默认主页，说明Web服务器已经可以正常工作了，如图7-84所示。

图 7-84 IIS 的默认主页

2. 配置Web服务器

安装好Web服务器后，还需要设置网页文件所在的目录、访问的参数等。设置过程如下：

步骤 01 在"工具"下拉列表中，找到并选择"Internet Information Services(IIS)管理器"选项，如图7-85所示。

步骤 02 在弹出的IIS管理器中，展开服务器，在"网站"中的"Default Web Site"上单击鼠标右键，从"管理网站"级联菜单中选择"停止"选项，如图7-86所示。

图 7-85　选择 IIS 管理器选项

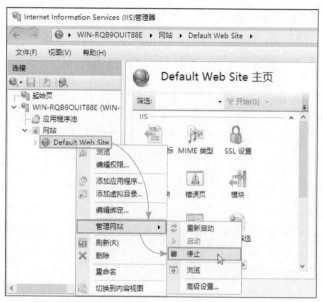

图 7-86　停止默认站点

步骤 03 在"网站"上单击鼠标右键，选择"添加网站"选项，如图7-87所示。

步骤 04 在"添加网站"界面中，输入网站的名称、网站的路径、监听的IP地址和端口号，如图7-88所示。

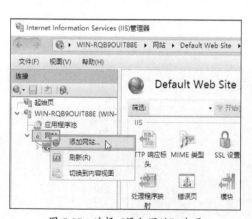

图 7-87　选择"添加网站"选项

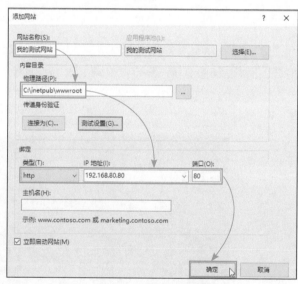

图 7-88　添加网站界面

进入网站目录，新建文本文档，修改内容后，将其名称修改为"index.html"，使用其他计算机访问Web服务器的IP地址，如能访问，说明网站正常，如图7-89所示。

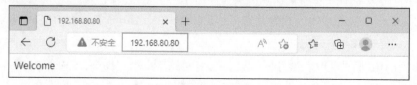

图 7-89　访问网站

■7.3.4　搭建FTP服务器

FTP服务器的安装与配置是在Web服务器管理中，并且和Web服务器的配置有些类似。下面介绍具体的配置步骤。

1. 安装FTP服务器

FTP服务器和DHCP、DNS、Web服务器不同，需要从Web服务器中进行添加。下面介绍安装FTP服务器的方法。

步骤01 进入添加角色和功能向导，在"角色"界面，展开"Web服务器(IIS)"，勾选"FTP服务器"复选框，如图7-90所示。

步骤02 进入其他界面，保持默认设置，最后启动安装即可安装完毕，如图7-91所示。

图 7-90　添加角色中选择 FTP 服务器

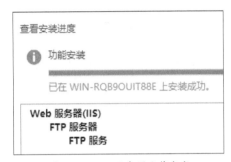

图 7-91　FTP 服务器安装完成

2. 配置FTP服务器

配置FTP服务器时使用的是IIS管理器界面，下面介绍配置步骤。

步骤01 从"工具"下拉列表中，选择"Internet Information Server(IIS)管理器"选项，如图7-92所示。

步骤02 展开服务下拉列表，在"网站"上单击鼠标右键，选择"添加FTP站点..."选项，如图7-93所示。

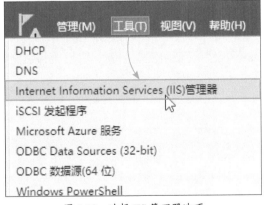

图 7-92　选择 IIS 管理器选项

图 7-93　选择"添加 FTP 站点 ..."选项

步骤03 输入FTP站点的名称和目录的位置，如图7-94所示。

步骤 04 设置监控的IP地址和端口号，单击"无SSL"单选按钮，再单击"下一步"按钮，如图7-95所示。

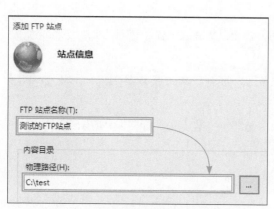

图 7-94　设置 FTP 站点名称与目录

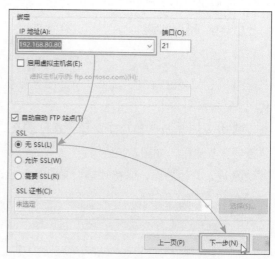

图 7-95　设置监控 IP 地址和端口号

步骤 05 设置身份验证方式，因为是局域网访问，所以勾选"匿名"复选框，并授权"所有用户"拥有"读取"和"写入"的权限，然后单击"完成"按钮，如图7-96所示。

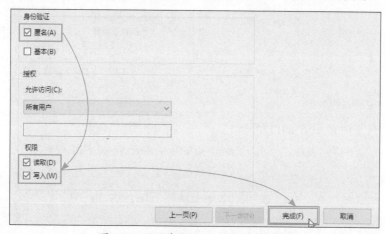

图 7-96　设置身份验证、授权和权限项

使用局域网中的其他计算机，打开资源管理器，输入命令，例如，在本例中输入命令"ftp://192.168.80.80"，就会打开FTP的共享文件夹，如图7-97所示，可实现上传、下载、删除文件等操作。

图 7-97　打开 FTP 服务器

拓展阅读

　　培育壮大人工智能、大数据、区块链、云计算、网络安全等新兴数字产业，提升通信设备、核心电子元器件、关键软件等产业水平。构建基于5G的应用场景和产业生态，在智能交通、智慧物流、智慧能源、智慧医疗等重点领域开展试点示范。鼓励企业开放搜索、电商、社交等数据，发展第三方大数据服务产业。促进共享经济、平台经济健康发展。

　　　　　　　　——《中华人民共和国国民经济和社会发展第十四个五年规划和2035年远景目标纲要》

课后作业

一、单选题

1. VMware Workstation Pro中相当于备份的功能是（　　　　）。

　　A. 回档　　　　　　　　　　　　B. 镜像

　　C. 快照　　　　　　　　　　　　D. 备份

2. 域名空间类似于一棵倒置的树，其中最高级别的域叫作（　　　　）。

　　A. 根域　　　　　　　　　　　　B. 顶级域

　　C. 二级域　　　　　　　　　　　D. 主机名

二、多选题

1. 常见的服务器类型有（　　　　）。

　　A. 塔式　　　　　　　　　　　　B. 机架式

　　C. 刀片式　　　　　　　　　　　D. 混合式

2. 常见的服务器类型有（　　　　）。

　　A. Web服务器　　　　　　　　　B. FTP服务器

　　C. DNS服务器　　　　　　　　　D. DHCP服务器

3. DNS的两种查询类型分别是（　　　　）。

　　A. 递归查询　　　　　　　　　　B. 迭代查询

　　C. 代理查询　　　　　　　　　　D. 缓存查询

三、简答题

1. 为什么服务器需要固定的IP地址？

2. 简述DNS的查询过程。

四、动手练

　　按照7.3.1节至7.3.4节中的介绍，动手配置DHCP服务器、DNS服务器、Web服务器和FTP服务器。

第 8 章
计算机网络安全

📖 内容概要

网络的普及和发展，既带来了便利，也带来了各种安全性问题，如黑客入侵、木马病毒的传播、网络攻击等，已经给人们造成了很多损失甚至是重大的经济损失。计算机安全体系和安全防御机制的建设是至关重要的。本章将介绍计算机网络安全的主要防御机制和措施。

💡 知识要点

网络重大安全事件。
网络安全体系建设。
网络安全防御机制。
入侵检测系统。

8.1 计算机网络安全重大事件

近年来，随着网络技术的发展和网络的普及，各种软件的使用也带来了大量的漏洞。近些年来的网络重大安全事件往往都有黑客的影子。

1. 数据泄露

2022年1月4日，某国公共卫生系统披露了一起大规模数据泄露事件。一个医疗系统，在2021年10月19日发现了这次入侵事件，并立即通知了高层。之后的调查显示，入侵网站的黑客获得了病人的个人医疗信息，其中可能包括全名、出生日期、实际地址、电子邮件地址等关键信息，将可能影响到一百多万人。

2. 网络攻击

某国际电信巨头公司披露，由于遭到破坏性网络攻击，导致该公司在某国的4G/5G、固话、电视等网络服务全部持续中断，只有语音和3G网络经恢复后勉强可用，涉及超400万移动用户、340多万家庭及企业宽带用户，此次攻击造成了大规模的通信与上网的不便甚至混乱。网络上有猜测认为是勒索软件所为，但官方当时未确认。

3. 勒索病毒

现在非常流行的勒索病毒，对文件、网络权限、访问规则等进行恶意加密。黑客还利用各种攻击手段，如DDoS攻击，获取后台管理信息、企业关键内部信息等，并威胁受害者用以牟利。如某计算机巨头遭到了勒索软件攻击，勒索软件团伙REvil成功入侵该公司的系统，并公布了部分财务电子表格、银行对账单，索要的金额达到5 000万美元，是迄今为止已知数额最大的一笔。除了大型公司外，一些证券交易机构，尤其是虚拟货币交易机构，也是黑客关注的重点对象。系统被攻击所导致的无法交易或者数据被篡改带来的损失，往往是这些交易机构无法承受的。

4. 软件漏洞

2022年3月，Spring官方在GitHub平台上更新了一条可能导致命令执行漏洞的修复代码，该漏洞目前在互联网中已被成功验证。研究机构将该漏洞评价为高危级。由于历史漏洞修复代码存在缺陷，在JDK 9及以上版本环境下，远程攻击者可借助某些中间件构造数据包修改日志文件，实现远程代码执行。该漏洞的影响范围为Spring Framework全版本和引用Spring Framework的产品。

5. 域名服务器故障

2022年北京时间3月22日，苹果公司发生大范围网络故障，一些用户的Apple Music、iCloud和App Store等服务被中断，公司内部企业和零售系统也出现了短暂的网络链接错误，苹果公司表示是域名系统DNS出现问题。此次宕机导致大量用户无法使用多项苹果服务。苹果系统状态页面曾显示11项服务遭遇宕机，包括播客、音乐和Arcade游戏等。

8.2　网络威胁的表现形式

根据技术原理分析，网络威胁主要包括以下几个方面。

1. 网络欺骗

网络欺骗包括常见的ARP欺骗、DHCP欺骗、DNS欺骗、生成树欺骗等，主要过程是利用欺骗手段，将黑客控制的设备伪装成网关或DNS服务器，然后悄无声息地截获局域网中其他设备发送的数据包，监控或者篡改这些截获的数据包都非常简单。如果是DNS欺骗，则可以将某访问定向到黑客设置的钓鱼网站中，没有经验的用户中招概率极高。

2. 拒绝服务

网络上的服务器都是侦听各种网络终端的服务请求，然后给予应答并提供对应服务的。每一个请求都要耗费一定的服务器资源。如果在某一时间点有非常多的请求，服务器可能会回应缓慢，造成正常访问受阻。如果请求达到一定的量，又没有有效的控制手段，服务器就会因为资源耗尽而宕机，这也是服务器固有缺陷之一。当然，现在有很多应对手段，但也仅仅是保证服务器不会崩溃，而无法做到在防御的情况下还不影响正常访问。拒绝服务攻击包括SYN泛洪攻击、Smurf攻击、DDoS攻击等。

3. 缓冲区溢出

在计算机中，有一个名为"缓冲区"的区域，它用于存储用户输入的数据，缓冲区的长度是被事先设定好的且容量不变。如果用户输入的数据超过了缓冲区的长度，那么就会溢出，而这些溢出的数据就会覆盖在合法的数据上。通过这个原理，可以将病毒代码通过缓冲区溢出，让计算机执行并传播，如以前臭名昭著的"冲击波"病毒、"红色代码"病毒等。另外可以通过溢出攻击，得到系统最高权限，然后通过木马将计算机变成"肉鸡"。

4. 病毒和木马

现在病毒和木马的界线已经越来越不明显了，而且在经济利益的驱使下，单纯破坏性的病毒越来越少，基本上被可以获取信息并可以勒索对方的恶意程序所替代。随着智能手机和APP市场的繁荣，各种木马病毒也在向手机端泛滥。APP权限滥用、下载被篡改的破解版APP等，都可能会造成用户的电话簿、照片等各种信息的泄露，所以各种聊天陷阱和勒索事件频频发生。

5. 密码破解

密码破解攻击通过穷举法进行攻击，利用软件不断生成满足用户条件的组合来尝试登录。例如，一个4位纯数字的密码，可能的组合数量有10^4=10 000次，那么只要用软件组合10 000次，就可以得到正确的密码。无论多么复杂的密码，理论上都是可以破解的，主要的限制条件就是时间。为了增加效率，可以选择算法更快的软件，或者准备一个高效率的字典，按照字典的组合进行查找。

为了应对软件的暴力破解，出现了验证码。为了对抗验证码，黑客又对验证码进行了识别和破解，然后又出现了更复杂的验证码、多次验证、手机短信验证、多次失败锁定等多种验证和应对机制。所以暴力破解的专业性要求更高。入门级黑客只能尝试破解没有验证码的网站，或者使用其他的渗透方法。

理论上，只要密码满足了一定的复杂性要求，就可以做到相对安全了。例如，若破解时间超过几十年，就可以认为该密码是非常安全的。增大破解的代价是保证安全的一种手段。

6. 钓鱼网站

网络中的"钓鱼"属于专业术语，是指通过创建与官网类似的页面来诱导用户输入账户名和密码，以便获取用户信息，并登录真正的官网，进行各种非法操作。除了网页钓鱼外，还有短信钓鱼，如以手机银行失效或过期为由，诱骗客户点击钓鱼网站而盗取客户资金。

7. 漏洞攻击

无论是程序还是系统，经常都会有漏洞。漏洞产生的原因包括：编程时对程序逻辑结构设计不合理、编程中的设计错误、编程人员的水平有限等。即使是一个固若金汤的硬件系统，若安装一个漏洞百出的软件，整个系统的安全也就形同虚设了。另外，随着技术的发展，以前很安全的系统或协议，也逐渐暴露出不足和短板，这也是漏洞产生的原因之一。黑客可以利用漏洞，对系统进行攻击和入侵。

8. 社工

社工（social engineering）是社会工程学的简称，是指利用人类社会的各种资源和途径来解决问题的一门专业学科。黑客领域的社工就是利用网络公开资源或人性的弱点干预人的心理，从而收集信息，达到入侵系统的目标。

现在网络发展迅速，网络终端的数量也日益庞大。随着网络与设备安全性的提升，各大网站的安全系统也在不断完善。普通的黑客，仅仅依靠几个工具达到入侵的目的也已经越来越困难了。

与其大费周章地破解系统，不如直接从管理员下手获取信息，这就是社工的核心思路。对一个系统来说，只要是人为控制的，就难免会有漏洞。现在中国网民总数已经超过10亿了，但其中很多人都缺乏安全意识。所以，再安全的系统，也不可能杜绝人为的漏洞，如"钓鱼"、个人隐私泄露等。因此，社工技术的发展会直接影响到未来黑客技术的发展方向。

8.3 网络安全体系建设

从前面两节的内容可以看到网络安全的形势非常严峻，因此，迫切需要建设一套安全的网络体系。

1. 网络安全简介

网络安全是指网络系统的硬件、软件及其系统中的数据受到保护，不因偶然的或者恶意的原因而遭受到破坏、更改、泄露，系统连续可靠正常地运行，网络服务不中断。网络安全本质上就是网络上的信息安全。简言之，网络安全就是在网络环境下能够识别和消除不安全因素。

网络安全是一门涉及计算机科学、网络技术、通信技术、密码技术、信息安全技术、应用数学、数论、信息论等多种学科的综合性学科。

网络安全的基本要求有：可靠性、可用性、保密性、完整性、不可抵赖性、可控性、可审查性和真实性。

2. 网络安全的影响因素

影响网络安全的因素主要有：自然灾害、意外事故；计算机犯罪；人为行为，如使用不当，安全意识差等；黑客行为，如黑客的入侵或侵扰，非法访问、拒绝服务、非法连接等；计算机病毒；内部泄密；外部泄密；信息丢失；电子谍报、信息流量分析、信息窃取等；信息战；网络协议中的缺陷，如TCP/IP协议的安全问题等。

3. 网络安全体系建设的目的

目前，计算机网络面临的威胁的构成因素是多方面的，这种威胁不断给社会带来巨大的损失。计算机网络具有连接形式多样性、终端分布不均匀性和网络的开放性等特点，易受黑客、病毒、恶意软件和其他不轨行为的攻击。因此，网上信息的安全和保密是一个至关重要的问题。网络安全已被信息社会的各个领域所重视。

无论是局域网还是广域网，都面临着诸多因素的潜在威胁，使网络本身呈现出脆弱性。因此，网络的安全措施应该是全方位地针对各种不同的威胁和网络的脆弱性，这样才能确保网络信息的保密性、完整性和可用性。

PDR模型是由美国国际互联网安全系统公司（ISS）提出的，它是最早体现主动防御思想的一种网络安全模型。PDR模型包括protection（保护）、detection（检测）和response（响应）3部分。

（1）保护

保护就是采用一切可能的措施来保护网络、系统和信息的安全。保护通常采用的技术和方法包括加密、认证、访问控制、防火墙和防病毒技术等。

（2）检测

通过检测可以了解和评估网络和系统的安全状态，为安全防护和安全响应提供依据。检测技术主要包括入侵检测、漏洞检测和网络扫描等技术。

（3）响应

应急响应在安全模型中占有重要地位，是解决安全问题的最有效办法。解决安全问题就要解决紧急响应和异常处理问题，因此，建立应急响应机制，形成快速的安全响应能力，对网络和系统而言至关重要。

4. 计算机网络安全体系中的安全措施

在计算机网络安全体系中，对安全体系划分了几个层次，分别对应不同的安全措施。

（1）物理层安全

物理层的安全性，包括通信线路的安全、物理设备的安全、机房的安全等。物理层的安全主要体现在通信线路的可靠性（线路备份、网管软件、传输介质），软硬件设备安全性（替换设备、拆卸设备、增加设备），设备的备份，防灾害能力、防干扰能力，设备的运行环境（温度、湿度、烟尘），不间断电源保障等。

（2）网络层安全

该层次的安全问题主要体现在网络方面的安全性，包括网络层身份认证、网络资源的访问控制、数据传输的保密与完整性、远程接入的安全、域名系统的安全、路由系统的安全、入侵检测的手段、网络设施防病毒等。

（3）应用层安全

该层次的安全问题主要由提供服务的应用软件和数据的安全性产生，包括Web服务、电子邮件系统、DNS等。此外，还包括病毒对系统的威胁。

另外，该层次的安全问题还有来自网络内部使用的操作系统的安全。主要表现在三方面：一是操作系统本身缺陷带来的不安全因素，主要包括身份认证、访问控制、系统漏洞等；二是操作系统的安全配置问题；三是病毒对操作系统的威胁。

（4）管理层安全

安全管理包括安全技术和设备的管理、安全管理制度、部门与人员的组织规则等方面。管理的制度化对整个网络的安全性具有重大影响，严格的安全管理制度、明确的部门安全职责划分、合理的人员角色配置都可以在很大程度上降低其他层次的安全漏洞。

网络安全体系的设计原则包括：①木桶原则；②整体性原则；③安全性评价与平衡原则；④标准化与一致性原则；⑤技术与管理相结合原则；⑥统筹规划分步实施原则；⑦等级性原则；⑧动态发展原则；⑨易操作性原则。

8.4 网络安全的主要防御机制

由于网络安全设计涉及面非常广，在提高网络安全性方面，需要提前部署各种防御措施。下面介绍一些常见的网络安全防御机制。

1. 加密技术

加密技术是网络传输中采取的主要安全保密措施，也是最常用的安全保密手段之一。它利用技术手段将重要的数据转化为乱码（即加密）进行传送，在到达目的地后再通过相同或不同的手段进行解密，以还原数据。加密技术的应用非常广泛，尤其在电子商务和VPN领域得到了广大用户的欢迎。

加密技术包括两个元素：算法和密钥。算法是指将普通的文本（或者可以理解的信息）与一串字符（密钥），通过一种特殊算法进行组合，产生不可理解的密文的步骤。密钥是用来对数据进行编码和解码所必需的特定字符串组合。在安全保密中，可通过适当的密钥加密技术和管理机制来保证网络的信息通信安全。密钥加密技术的密码体制分为对称密钥体制和非对称密钥体制两种，相应地，数据加密的技术也分为两类，即对称加密（私人密钥加密）和非对称加密（公开密钥加密）。对称加密以数据加密标准（data encryption standard，DES）算法为典型代表，非对称加密通常以RSA（rivest shamir adleman）算法为代表。对称加密的加密密钥和解密密钥相同，而非对称加密的加密密钥和解密密钥不同，加密密钥可以公开而解密密钥需要保密。

（1）对称加密与非对称加密

对称加密也叫作私钥加密算法，数据传输双方均使用同一个密钥，双方的密钥都必须处于保密的状态，因为私钥的保密性必须基于密钥的保密性，收发双方都必须为自己的密钥负责。对称加密算法使用起来简单快捷，破译困难。

与对称加密不同，非对称加密需要两个密钥：公开密钥（public key）和私有密钥（private key）。公开密钥与私有密钥是一对，如果用公开密钥对数据进行加密，只有用对应的私有密钥才能解密；如果用私有密钥对数据进行加密，那么只有用对应的公开密钥才能解密。因为加密和解密使用的是两个不同的密钥，所以这种算法称为非对称加密算法。

在保证安全性的前提下，为了提高效率，出现了两个算法结合使用的方法，即使用对称算法加密数据，使用非对称算法传递密钥。

（2）常见的加密算法

对称加密算法主要有DES、3DES、AES等，非对称算法主要有RSA、DSA、ECC等。

各种算法的计算原理如下：

- DES算法全称为data encryption standard，即数据加密标准算法。DES算法的入口参数有3个：Key、Data、Mode。其中，Key为8个字节共64位（56位的密钥和附加的8位奇偶校验位，产生最大64位的分组大小），是DES算法的工作密钥；Data也为8个字节64位，是要被加密或被解密的数据。

- 3DES是DES加密算法的一种模式，它使用3条64位的密钥对数据进行3次加密。与最初的DES相比，3DES更为安全。

- AES（advanced encryption standard）：高级加密标准算法，此加密算法速度快，安全级别高。

- RSA是一种非对称加密算法。为提高保密强度，RSA密钥至少为500位长，一般推荐使用1 024位，这就使加密的计算量很大。

2. 数字签名与数字证书

数字签名用于校验发送者的身份信息。在非对称算法中使用了私钥进行加密，然后用公钥进行解密。如果成功解密，就说明该数据确实是由正常的发送者发送的，从而间接证明了发送者的身份信息，而且签名者不能否认或者说难以否认。这种技术可以作为身份验证的手段，也称为数字签名。

数字签名和数据完整性校验在技术程度上可以确保发送方的真实性和数据的完整性。但是对请求方来说，如何确保其收到的公钥一定是由发送方发出的，并且没有被篡改呢？这时候，需要有一个权威的、值得信赖的第三方机构（一般是由政府审核并授权的机构）来统一对外发放主机机构的公钥，以避免上述问题的发生。这种机构被称为证书权威机构（certificate authority，CA），它们所发放的包含主机机构名称和公钥在内的文件就是数字证书。

3. 访问控制

访问控制技术主要通过访问控制策略来放行或拒绝网络流量和网络访问的行为。一般由防火墙来实现，也可以通过操作系统的安全策略来实现。其中，防火墙策略可以分为两种：一是定义禁止的网络流量或行为，允许其他一切未定义的网络流量或行为；二是定义允许的网络流量或行为，禁止其他一切未定义的网络流量或行为，如常见的禁止ping本机、禁用ICMP协议等。对于操作系统，尤其是文件系统的安全性方面，主要是根据账户控制其权限，包括文件访问、系统功能等。例如，共享文件需要登录账户才能访问，只有管理员权限才能运行某些修改系统参数的命令等。

HTTP是超文本传输协议，传输的数据是明文，现在已经非常不安全了。取而代之的是HTTPS，也就是加密的超文本传输协议，它使用了HTTP协议与SSL协议，构建成可加密传输并进行身份认证的网络协议。

SSL协议在握手阶段使用的是非对称加密，在传输阶段使用的是对称加密，即综合应用了前面介绍的两种协议。在握手过程中，网站会向浏览器发送SSL证书，SSL证书和日常用的身份证类似，是一个支持HTTPS网站的身份证明。SSL证书里面包含了网站的域名、证书有效期、证书的颁发机构和用于加密传输密码的公钥等信息。

SSL协议主要确保以下安全问题：

- 认证用户和服务器，确保数据发送到正确的客户机和服务器。
- 加密数据以防止数据中途被窃取。
- 维护数据的完整性，确保数据在传输过程中不被改变。

HTTPS的主要缺点就是性能问题。造成HTTPS性能低于HTTP的原因有两个：一个是对数据进行加密、解密使得它比HTTP慢，另一个是HTTPS协议禁用了缓存。

4. 数据的备份及恢复

数据安全包括物理存储设备的安全和访问获取的安全。事实上，不存在绝对安全、一劳永逸的方法，因此，日常需妥善备份数据，以便在出现问题时能够迅速解决。即便一万次备份看似无用，但只要能在需要时派上用场，都是值得的，因为硬件有价而数据无价。

现在的数据备份除了多硬盘RAID备份外，还有多机备份、网络备份等，这些措施可以互相配合使用。备份策略上有定时全部备份、定时增量备份等，力求做到将风险降到最低。

5. 物理环境安全

计算机系统的安全环境条件包括温度、湿度、空气洁净度、腐蚀度、虫害、振动和冲击、电气干扰等方面，都有具体的要求和严格的标准。选择一个合适的安装场所对计算机系统的安全性和可靠性有直接影响。在选择计算机房的场地时，需要注意外部环境的安全性、可靠性和抗电磁干扰性，避开强振动源和强噪声源，避免将其设在建筑物高层、用水设备的下层或隔壁，并要注意出入口的管理。机房的安全防护是为了应对环境的物理灾害，并防止未经授权的个人或团体破坏、篡改或盗窃网络设施和重要数据而采取的安全措施和对策。

6. 建立安全管理制度

由于网络安全措施逐渐提高，从外部实施入侵越来越难。但现在很多攻击都是由内部发起的，很多数据泄露也是由内部人员泄露的。因此，需要提高包括系统管理员和用户在内的人员的网络技术素质和专业修养。对于重要部门和信息，需要严格做好开机查毒，并及时备份数据，这是一种简单有效的方法。

7. 提高使用者的防范意识

对于个人来说，网络安全意识也要相应提高。以下所列是一些个人用户在使用计算机网络时需要注意的安全问题：

- 安装了防火墙和杀毒软件后，要经常升级，及时更新木马病毒库。
- 对计算机系统的各个账号要设置口令，及时删除或禁用过期账号。
- 不要打开来历不明的网页、邮箱链接或附件，不要执行从网上下载后未经杀毒处理的软件，不要打开QQ等即时聊天工具上收到的不明文件等。
- 打开任何移动存储器前用杀毒软件进行检查。
- 定期备份，以便遭到病毒严重破坏后能迅速修复。
- 设置统一、可信的浏览器初始页面。
- 定期清理浏览器缓存中的临时文件、历史记录、cookie、保存的密码和网页表单信息等。
- 利用病毒防护软件对所有下载资源进行及时扫描，防止恶意代码。
- 密码不要与账户相同，尽量由大小写字母、数字和其他字符混合组成，不要直接用生日、电话号码、证件号码等包含个人信息的数字作为密码；同时适当增加密码的长度并经常更换。
- 针对不同用途的网络应用，应该设置不同的用户名和密码。
- 不要随意点击不明邮件中的链接、图片、文件。
- 利用社交网站的安全与隐私设置保护敏感信息。
- 不要轻易点击未经核实的链接。

8. 其他防御措施

其他防御措施包括切断威胁的传播途径、提高网络反病毒技术能力、采用高安全性的操作系统、定期进行系统安全升级并安装系统安全补丁等。

8.5　入侵检测系统

黑客入侵是网络安全中最令人头痛的问题。通过入侵检测系统，可以及时发现问题，阻挡入侵，在一定程度上增强了网络的安全性。

■ 8.5.1　入侵检测系统简介

顾名思义，入侵检测就是对入侵行为的发觉。这里的入侵是指试图破坏计算机或网络系统的保密性、完整性、可用性，或者企图绕过系统安全机制的行为。入侵检测是通过对计算机网络或计算机系统中若干关键点信息的收集和分析，从中发现网络或系统是否存在违反安全策略的行为和被攻击迹象的一种安全技术，是防火墙等边界防护技术的合理补充，能进一步提高信息安全基础结构的完整性。

与防火墙的被动式防御不同，入侵检测技术通过对系统、应用程序的日志和网络数据流量的分析，主动检测那些在防护过程中遗漏的入侵行为，发现新的安全问题的成因，进而提高网络的整体安全性，实现防火墙无法完成的安全防护功能。

1. 入侵检测系统的作用

入侵检测与其他检测相关的技术一样，其核心任务是从一组数据中检测出符合某一特点的数据。入侵检测系统的主要作用包括：

- 检测防护部分阻止不了的入侵。
- 检测入侵的前兆。
- 对入侵事件进行归档。
- 评估网络受威胁的程度和帮助从入侵事件中恢复。

2. 入侵检测系统的分类

根据不同的标准，入侵检测系统可以分成很多不同的类别。

（1）根据原始数据的来源可以分为：基于主机的入侵检测系统、基于网络的入侵检测系统和混合型入侵检测系统。

（2）根据分析方法可以分为：异常检测和误用检测。

（3）根据体系结构可以分为：集中式入侵检测系统、等级式入侵检测系统和分布式入侵检测系统。

3. 入侵检测系统的工作内容

入侵检测的工作基于这样的假设：入侵者的行为和合法用户的行为之间有着可以量化的差别。可靠而完备地收集系统和网络中的信息，准确而全面地分析所收集的信息是入侵检测技术区分入侵行为和合法行为的关键。入侵检测系统包括：

- 信息收集技术：日志、流量、异常显现。
- 信息分析技术：误用检测、漏报、异常检测、统计分析。
- 完整性分析：文件或程序对象是否被修改。

■8.5.2　入侵检测系统在网络安全中的应用

入侵检测系统在维护网络安全、提高网络防御能力方面非常关键。下面介绍入侵检测系统在网络安全中的应用。

1. 数据挖掘技术

数据挖掘技术要求深入分析网络中传输的数据、信息，及时检测出失误和异常的数据，并第一时间采取相应的解决办法。加强数据挖掘技术的应用，可以有效发挥出该技术的优势，对网络中出现的不能正常运行的数据进行合理分类，提高数据辨别能力，确保数据能够处于正常的任务程序中，从而维护网络安全。

2. 智能分布技术

智能分布技术是入侵检测技术的重要构成内容，其特点主要包括智能性、自我适应性等方面，属于网络安全的检测技术之一。通过智能分布技术在网络安全中的应用，将网络分成了若干领域范围，并在各个检测区域内部设置相应的检测点，严格管控领域内的检测点所检测到的信息，及时发现网络安全系统中是否存在入侵行为，确保网络安全系统的高效运行。

3. 信息响应技术

通过信息响应，可以及时反映出入侵检测系统中的信息攻击行为，对信息实时状态进行相应的记录，将信息及时通报至控制台。对于计算机系统中的众多控制技术来说，有效保护用户计算机系统的数据资源，避免网络入侵造成的攻击行为的发生，是这些技术要发挥的主要作用之一。

4. 协议分析技术

协议分析是一种新型的网络入侵检测技术，具有较强的便利性优势，处理效率比较高，不会浪费较多的系统资源，且能及时发现网络攻击行为。在具体应用中，需要对协议与捕捉碎片攻击分析协议加以确认，深入剖析所有协议。如果存在IP碎片设置，则要对数据包进行重新装置，使系统能够以最快的速度检测出通过IDS躲避的攻击手段，确保协议的完整性。另外，在模式匹配入侵检测系统中，可以将发生解析协议的误报率降至最低，借助命令解析器可以做到正确理解所有特征串的内涵，及时辨识出特征串的攻击性因素。

5. 移动代理技术

移动代理技术可以代替客户或代替其他检测程序进行安全检测，实现在主机之间的自由转换，打破时间和地域的限制，第一时间向客户反馈信息结果。移动代理技术的优点主要表现为：具有可以支持离线计算的强大功能，在网络资源缺失的情况下，也可以确保网络安全，降低破坏行为的发生；可以在不同主机上进行运作，而无须将正在运行的程序终止，从而实现在不同主机上自由切换。

6. 基于主机的入侵检测系统

该系统的简称为HIDS（host-based intrusion detection system），它安装代理于系统保护范围之内，将操作系统内核与服务结合在一起，判断主机系统的审计日志与网络连接的实际情况，对所有系统事件实施全方位、多角度、多领域的监督与控制。如启动内核与API，以此作为抵抗攻击的重要手段；将系统事件日志化，对重要文件加以严格监督与控制。通过HIDS，可有效检测出类似切断连接和封杀账户等的入侵行为。但是对于该系统来说，也存在一定的弊端，如所需成本比较高昂，与操作系统和主机代理存在较大的不同等。主机代理要随着系统的升级而升级，这可能会影响相应的安装与维护工作。

7. 信息收集和处理

入侵检测技术往往通过数据的收集来对网络系统的安全性加以判断，如系统日志和网络日志等保密事宜、执行程序中的限制操作行为等，都要及时纳入到网络检测数据中。计算机在实际网络应用中，要在相应的网段中设置IDS代理（最少为1个）来做好信息的收集工作。入侵检测系统要设置交换机构内部或者防火墙数据的出口和入口，为核心数据的采集提供一定的便利性。此外，在计算机系统入侵行为较少的情况下，要构建集中处理的数据群，体现出入侵行为检测的可针对性。

同时，在入侵信息收集之后，要采用模式匹配和异常情况分析等模式来进行信息处理，然后由管理器进行统一解析。入侵检测技术要及时将问题信息反映出来，并传达给控制器，保证计算机系统和数据信息的完好无损。

8.6　防火墙ACL

随着互联网和网络应用系统的快速发展，各种对网络的攻击入侵也不断升级。变化多端的入侵方式和快速增长的入侵行为，严重影响系统的正常运行。因此，各类企业为之纷纷开展风险评估等相关工作，以期及早发现信息系统的安全问题。作为网络通信防护设备之一的防火墙，其审计工作也成为人们关注的重点。防火墙是在两个网络通信时，执行访问控制职能的防护工具。通过管理人员的合理配置，可以很好地保护可信网络免受外部攻击，使企业重要系统得以安全平稳运行。但是，不合理的防火墙配置可能会给企业造成严重的安全隐患，甚至影响网络的正常通信，引发难以预料的安全事件。

1. ACL简介

ACL（Access Control List，访问控制列表）是防火墙基本的功能，用于控制通过设备的流量。对于防火墙来说，其ACL配置的应用，除了与访问控制列表自身的ACE（access control entry，访问控制项）配置有关，也与设备接口有关。每一个ACL在应用时需绑定在某个接口上，或与其他应用设置搭配应用，而最为常用的方式就是前者。一个接口又有两个方向，即IN与OUT方向。每个接口的IN方向，与另一个接口的OUT方向又构成了一条通信线路。分别绑定在两个接口的IN或OUT方向上的ACL控制着数据包的传输，因而，ACL的应用不仅与自身配置有关，还与对应通信线路上绑定的其他ACL有关。

2. ACL的实施原则

ACL由一条条ACE构成，每一条ACE主要包含6个要素：操作、协议、源地址、源端口、目的地址和目的端口。

在ACL的实施过程中，应当遵循以下基本原则：

- **最小特权原则**：只给受控对象完成任务所必需的最小的权限。
- **最靠近受控对象原则**：所有的网络层访问权限控制。
- **默认丢弃原则**：在路由交换设备中，默认在ACL最后一句中加入DENY ANY命令，也就是丢弃所有不符合条件的数据包。这一点要特别注意，虽然可以修改这条默认语句，但修改前一定要引起重视。

由于ACL是使用包过滤技术来实现的，过滤的依据又仅仅只是第三层和第四层包头中的部分信息，这种技术具有一些固有的局限性，如无法识别到具体的人、无法识别到应用内部的权限级别等。因此，要达到端到端（end to end）的权限控制目的，就需要和系统级及应用级的访问权限控制结合使用。

拓展阅读

　　完善相关法律法规和技术标准，规范各类数据资源采集、管理和使用，避免重要敏感信息泄露。强化新技术应用安全风险动态评估，逐步探索建立人工智能、区块链等新技术的治理原则和标准，确保新技术始终朝着有利于社会的方向发展。

——《"十四五"国家信息化规划》

学习体会

课后作业

一、单选题

1. 在网络欺骗时，黑客一般将控制的设备伪装成（　　）。

   A. 网关
   B. 交换机

   C. 集线器
   D. 计算机

2. 为了提高HTTP的安全性，在其中加入了（　　）协议。

   A. PPTP
   B. SMTP

   C. SSL
   D. DHCP

二、多选题

1. 常见的拒绝服务攻击包括了（　　）。

   A. SYN泛洪攻击
   B. Smurf攻击

   C. DNS攻击
   D. DDoS攻击

2. PDR模型包括（　　）。

   A. 保护
   B. 追踪

   C. 检测
   D. 响应

3. 加密技术分为（　　）。

   A. 对称加密
   B. 公钥加密

   C. 私钥加密
   D. 非对称加密

三、简答题

1. 简述网络安全的主要防御机制。

2. 简述入侵检测系统的作用。

第**9**章

网络管理工具的应用

📖 内容概要

　　在网络管理中，除了需要掌握网络的基础知识外，各种网络管理工具的使用也是必备技能；除了常见的管理命令，还有各种专业的网络管理软件可以使用。本章将介绍网络管理工具的具体应用。

💡 知识要点

　　计算机网络管理体系。
　　计算机网络管理功能。
　　常用的网络管理命令。
　　常见的网络管理工具。

9.1　计算机网络管理

计算机网络管理是一项非常复杂、烦琐的专业技术工作，包含了多方面的内容。网络管理的主要目的是保证网络的正常运行，如按需求添加各种设备和服务，排除出现的故障等。

■9.1.1　计算机网络管理概述

计算机网络管理是指采用某种技术和策略对网络上的各种网络资源进行检测、控制和协调，在网络出现故障时及时进行报告和处理，实现网络的维护和恢复，从而保证网络的高效运行，达到充分利用网络资源和向用户提供可靠的通信服务的目的。

1.计算机网络管理体系
计算网络管理体系包括以下几个方面。

（1）网络管理工作站（manager）

网络管理工作站是整个网络管理的核心，通常是一个独立的、具有良好图形界面的高性能工作站，它由网络管理员直接操作和控制。所有向被管设备发送的命令都是从网络管理工作站发出的。网络管理工作站通常由以下3部分构成：

- **网络管理程序**：是网络管理工作站的关键构件，运行时称为网络管理进程，具有分析数据、发现故障等功能。
- **接口**：主要用于网络管理员监控网络运行状况。
- **数据库**：从所有被管对象的MIB（management information base，管理信息库）中提取信息。

（2）被管理设备（managed device）

网络中有很多被管理设备（包括设备中的软件），它们可以是主机、路由器、打印机、集线器、交换机等。每一个被管理设备中可能有许多被管对象（managed object），被管对象可以是被管理设备中的某个硬件，也可以是某些硬件或软件配置参数的集合。被管理设备有时也称为网络元素或网元。

（3）管理信息库（MIB）

在复杂的网络环境中，网络管理工作站需监控来自不同厂商的设备，这些设备的系统环境、信息格式可能完全不同。因此，对被管理设备的管理信息的描述需要定义统一的格式和结构，将管理信息具体化为一个个被管对象，所有被管对象的集合以一个数据结构表示，这就是管理信息库。它里面包括了数千个被管对象，网络管理员通过直接控制这些对象去控制、配置或监控网络设备。

（4）代理程序（agent）

每一个被管设备中都运行着一个程序，以便和网络管理工作站中的网络管理程序进行通信，这个程序被称为网络管理代理程序（简称代理程序）。代理程序对来自工作站的信息请求和动作请求进行应答，当被管设备发生某种意外时用Trap命令向网络管理工作站报告。

（5）网络管理协议（NMP）

网络管理协议（network management protocol，NMP）是网络管理程序和代理程序之间通信的规则，是两者之间的通信协议。

2. 网络管理的功能

计算机网络管理的功能主要包括以下几方面的内容。

（1）故障管理（fault management）

这里的故障是指导致网络无法正常工作的差错。故障管理主要是对被管理设备发生故障时的检测、定位和恢复，主要包括故障检测、故障诊断、故障修复、故障报告等。

- **故障检测**：通过执行网络管理监控过程和生成故障报告来检测整个网络系统存在的问题。
- **故障诊断**：通过分析网管系统内部各个设备和线路的故障和事件报告，或执行诊断测试程序来判断故障产生的原因，为下一步修复做准备。
- **故障修复**：通过网管系统提供的配置管理工具对产生的故障进行修复，以自动处理和人工干预相结合的方式尽快恢复网络运行。
- **故障报告**：完成网络系统故障检测后，以日志形式记录报警信息、诊断和处理结果信息等，即给出故障报告。

（2）配置管理（configuration management）

配置管理用于识别网络资源，设置网络配置信息，对网络配置提供信息并实施控制。它主要包括网络实际配置和配置数据管理。

- **网络实际配置**：负责监控网络配置信息，使网管人员可以生成、查询和修改硬件、软件的运行参数和条件（包括各个网络部件的名称和关系、网络地址、是否可用、备份操作和路由管理等）。
- **配置数据管理**：负责定义、收集、监视、控制和使用配置数据（包括管理域内所有资源的任何静态信息和动态信息）。

（3）性能管理（performance management）

性能管理主要用于评价网络资源的使用情况，为网管人员提供评价、分析、预测网络性能的方法，从而提高网络的运行效率。它主要包括性能数据的采集和存储、性能门限的管理、性能数据的显示和分析等。

- **性能数据的采集和存储**：完成对网络设备和链路带宽使用情况的数据采集并将其存储起来。
- **性能门限的管理**：为提高网络管理的有效性，在特定时间内为网络管理者选择监视对象、设置监视时间、提供设置和修改性能门限的手段；在网络性能不理想时，通过对资源的调整来改善网络性能。
- **性能数据的显示和分析**：根据管理者的要求定期提供多种反映当前、历史、局部调整性能的数据及各种关系曲线，并完成数据报告。

（4）安全管理（security management）

安全管理主要管理硬件设备的安全性能，具有报警和提示功能，如用户登录到特定的网络设备时需要进行身份认证。它主要包括操作者级别和权限管理、数据的安全管理、操作日志管理、审计和跟踪等。

- **操作级别和权限管理**：完成网络管理人员的增、删以及相应的权限设置（包括操作时间、操作范围和操作权限等）。
- **数据的安全管理**：完成安全措施的设置，获取对网络管理数据的不同处理权限。

- **操作日志管理**：详细记录网络管理人员的所有操作（包括操作时间、登录用户、具体操作等），以便在出现故障时能跟踪并发现故障产生的原因以及追查相应的责任。
- **审计和跟踪**：主要完成网络管理系统上配置数据和网元配置数据的统一。

（5）计费管理（accounting management）

记录用户使用网络资源的情况，根据一定策略来收取相应费用。计费数据可帮助管理员了解网络的使用情况，为资源升级和资源调配提供依据。

■9.1.2 SNMP协议

SNMP（simple network management protocol）指简单网络管理协议，该协议应用比较广泛。

1. SNMP简介

SNMP是众多网络监控协议的一种，但有其特殊性，因为此协议用于在中央报警主站（SNMP管理器）与每个网络站点的SNMP远程（设备）之间传输消息。这样能在网络上的多个设备与监控工具之间建立无缝的通信通道。

SNMP监控帮助IT管理员管理服务器和其他网络硬件，如调制解调器、路由器、接入点、交换机以及连接网络的其他设备等。借助监控可看到这些设备更加清晰的视图，IT管理员就可以准确掌握关键指标（如网络和带宽的使用情况等），或者可以跟踪运行时间和流量，以优化性能。

SNMP架构基于客户端/服务器模型，在监控网络时，服务器是负责汇聚和分析网络上的客户端信息的，客户端是受服务器监控的、连接在网络中的设备或设备组件，包括交换机、路由器和计算机等。

SNMP监控过程的一些重要概念如下：

- **对象标识符（OID）**：OID（object identifier）用于标识设备及其状态的地址，可以看作设备的IP地址。但是，由于OID仅仅是一串由随机圆点分隔的数字，网络管理员在监控大型网络时，很难仅根据OID判断出所查看的具体设备。
- **管理信息库（MIB）**：管理员利用MIB将数字OID转换为文本OID。
- **SNMP陷阱**：陷阱是检测到重要事件时由代理主动发送到管理站点的消息。
- **SNMP轮询**：轮询指网络管理站点按照定期间隔简化询问设备状态的更新情况。

2. SNMP管理软件

SNMP管理软件可以帮助用户更好地监控网络设备的关键性能指标，如服务器CPU和内存使用情况等。如果使用情况超过正常阈值，软件可以发送警报，这样网络管理员就可以采取措施使网络避免出现潜在问题或停机。SNMP管理工具的另一个主要部分是执行主动轮询，即检索管理信息基础变量，以确定故障行为或连接问题。

9.2 网络管理的常用命令

在日常网络管理中，使用系统自带的命令可以快速排查一些特定的网络故障。下面介绍一些网络管理中的常用命令。

■9.2.1　ping命令

ping命令很常用，用于检测网络的逻辑链路是否正常。

1. ping命令的用法

ping命令的用法如下：

> ping [-t] [-a] [-n count] [-l size] [-f] [-i TTL] [-v TOS] [-r count] [-s count] [[-j host-list] | [-k host-list]] [-w timeout]

常用的选项说明如下：

- **−t**：用当前主机不断向目的主机发送测试数据包，直至用户按Ctrl+C组合键终止。
- **−a**：解析主机的完整域名以获取其IP地址，然后使用该IP地址进行ping测试。

如果要测试网关的线路是否正常，可以使用命令：`ping 网关IP`，如图9-1所示。如果要测试DNS解析是否正常，可以使用命令：`ping 域名`，如果加上选项"-t"则会连续ping指定的域名，直到按下Ctrl+C组合键终止，如图9-2所示。

图 9-1　ping 命令

图 9-2　连续 ping 命令

2. 通过ping的返回值发现故障

如果ping的返回结果如图9-1和图9-2所示，则表示网络连接正常，双方可以进行数据的传输。如果无法成功ping通目标主机，可以通过返回值来分析网络故障产生的原因。

常见的故障返回值含义如下：

- **unknown host（不知名主机）**：表示该主机名不能被命名服务器转换成IP地址。故障原因可能是命名服务器有故障或名字不正确，也可能是系统与远程主机之间的通信线路有故障。
- **network unreachable（网络不能到达）**：表示网络中本地主机没有到达对方的路由，可检查路由表来确定路由配置情况。
- **no answer（无响应）**：表示有一条到达目标的路由，但它接收不到发给远程主机的任何分组报文。出现这种情况的原因可能是远程主机没有工作、本地或远程主机网络配置不正确、本地或远程路由器没有工作、通信线路有故障、远程主机存在路由选择问题等。
- **time out（超时）**：表示连接超时，数据包全部丢失。故障原因可能是路由器的连接问题、路由器不能通过、远程主机关机或死机，也可能是由于远程主机有防火墙而禁止接收数据包等。

3. ping特殊IP地址

在ping命令中，可以使用一些特殊IP地址来检测计算机或网络故障。

- **ping 127.0.0.1**：ping不通表示TCP/IP安装或运行存在问题，应从网卡驱动和TCP/IP协议着手解决。

- **ping 本机IP**：ping不通表示计算机配置或系统存在问题，可拔下网线重试，如果能够成功ping通，说明局域网IP地址发生冲突了。
- **ping 局域网IP**：收到回送信息说明网卡和传输介质正常，未收到回送信息则说明可能是子网掩码不正确、网卡配置有问题、集线设备出现故障或通信线路出现故障等。
- **ping 网关**：若网关路由器接口正常，则数据包可以到达路由器，可成功ping通。
- **ping 外网IP**：若能ping通则表示网关工作正常，可以连接对方端或者因特网。
- **ping localhost**：localhost是系统保留名，是127.0.0.1的别名，计算机能将localhost解析成IP地址。如果不成功，说明主机Hosts文件有问题。
- **ping 完整域名**：若能ping通，说明DNS服务器工作正常，可以解析出对方的IP地址；该命令也可以获取域名对应的IP地址。如果ping不通，可以从DNS方面检查问题。

■9.2.2　ipconfig命令

利用ipconfig命令可以查看和修改网络中的TCP/IP协议的有关配置，如IP地址、网关、子网掩码、MAC地址等；还可以重新获取DHCP分配的IP地址等相关信息。ipconfig命令经常用于排除物理链路因素之前查看本机的IP配置信息是否正确。该命令的用法为：

```
ipconfig [/all /renew[adapter]/release[adapter]][/displaydns][/flushdns]
```

常用的选项说明如下：

- **/all**：显示网络适配器完整的TCP/IP配置信息。命令中如果带有/all选项，除了显示IP地址、子网掩码、默认网关等信息，还显示主机名称、IP路由启用状态、WINS代理、物理地址、适配器信息、DHCP功能等。其中，适配器可以代表物理接口（如网络适配器），也可代表逻辑接口（如VPN拨号连接）。

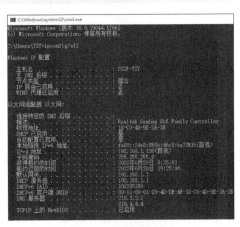

图9-3　ipconfig/all 命令

- **/renew[adapter]**：表示更新所有或特定网络适配器的DHCP设置，为自动获取IP地址的计算机分配IP地址。adapter表示特定网络适配器的名称。
- **/release[adapter]**：释放所有或指定的网络适配器的当前DHCP设置，并丢弃IP地址设置。
- **/displaydns**：显示DNS客户解析缓存的内容，包括本地主机预装载的记录和最近获取的DNS解析记录。
- **/flushdns**：刷新并重设DNS客户解析缓存的内容。

如查看当前IP地址等详细信息，可以使用命令：ipconfig/all，如图9-3所示。如果要重新从DHCP服务器获取IP地址，可以使用命令 ipconfig/renew，如图9-4所示。

图9-4　ipconfig/renew 命令

■9.2.3　tracert命令

tracert命令用于跟踪路径，可记录从本地主机至目的主机所经过的路径和到达的时间。使用该命令可以准确地知道在本地主机到目的主机之间的哪一个环节发生了故障。每经过一个路由器，数据包上的TTL值递减1，当TTL值为0时说明目标地址不可达。该命令的用法如下：

```
tracert [-d] [-h maximum_hops] [-j hostlist] [-w timeout]
```

常用的选项说明如下：

- **−d**：不解析主机名，防止tracert命令试图将中间路由器的IP地址解析成主机名，起到加速作用。
- **−h maximum_hops**：指定搜索到目标地址的最大条数，默认为30个。
- **−w timeout**：设置超时时间（单位：ms）。

要检测"百度"的服务器需要经过哪些路由器，可以使用 tracert www.baidu.com 命令，如图9-5所示。由于策略的问题，有些路由器不会给予反馈，会显示请求超时。

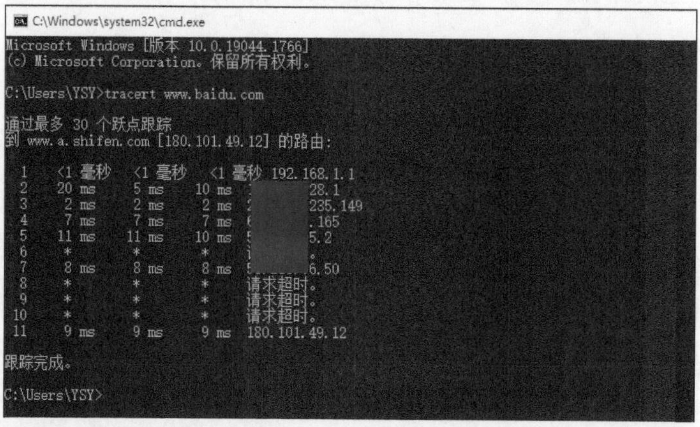

图 9-5　tracert 命令

■9.2.4　route print命令

通过该命令可以查看计算机中的路由表和网络中数据包的流向，如图9-6所示。

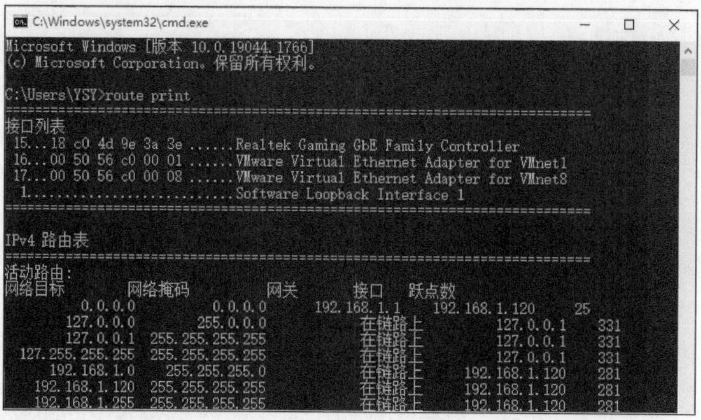

图 9-6　route print 命令

9.2.5 netstat命令

netstat命令可以查看当前TCP/IP网络连接情况和相关的统计信息，包括显示网络连接、路由表和网络接口信息，显示网络采用的协议类型，统计当前有哪些网络连接正在进行等，使用户能清楚地了解计算机与Internet相连接的情况。

netstat命令的用法如下：

netstat [-a] [-b] [-e] [-f] [-n] [-o] [-p proto] [-r] [-s] [-t] [-x] [-y] [interval]

常用的选项说明如下：

- **-a**：显示主机的所有连接和监听端口信息，包括TCP及UDP。该选项主要用于获得用户本地系统的开放端口，也可以用于检查本地系统上是否被安装了一些黑客的后门程序。
- **-n**：以数据表格显示地址端口，但不尝试确定名称。
- **-p proto**：显示特定协议的具体使用信息。
- **-s**：显示每个协议的使用状态（包括TCP、UDP、ICMP及IP协议信息）。

用户可以直接使用命令 netstat -ano 查看所有信息，如图9-7所示。

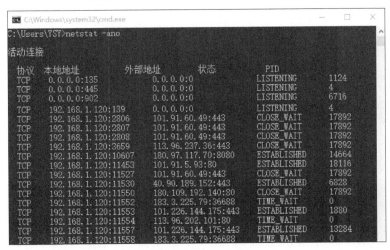

图 9-7　netstat 命令

9.3 常见的网络管理工具

使用一些专业的网络管理工具可对网络中的设备和数据包进行扫描、获取信息，以及进行安全性分析和安全审计的工作。本节将介绍一些常见的网络管理工具及其使用方法。

9.3.1 局域网扫描软件

局域网扫描软件可以扫描局域网的设备和主机，可以通过扫描结果查看局域网的拓扑结构，了解对方的操作系统等信息。这类软件比较多，常用的专业软件是Nmap。

Nmap是一款开放源代码的网络探测和安全审核的工具软件。它的设计目标是快速扫描大型网络，当然也可扫描单个主机。Nmap可以使用原始IP报文发现网络上的主机，并可以识别主机提供的服务（应用程序名和版本）、运行的操作系统（包括版本信息），以及使用的报文过滤器/防火墙等。此外，Nmap还具有一些其他功能。虽然Nmap通常用于安全审核，但是许多系统管理员和网络管理员也用它来做一些日常的工作，如查看整个网络的信息、管理服务升级计划和监视主机与服务的运行等。Nmap在Windows中的版本称为Zenmap，有中文操作界面，可以实现多种功能。下面介绍该软件的使用方法。

步骤 01 启动Zenmap软件后，在主界面中输入扫描范围，单击"扫描"按钮，如图9-8所示。

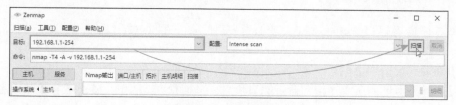

图 9-8　Zenmap 主界面

步骤 02 左侧显示所有扫描到的主机。选择某个IP地址，右侧切换到"端口/主机"选项卡，可以查看该主机开放的所有端口、协议、状态、使用的服务，并且可以从445端口的信息推测出该主机所使用的操作系统等信息，如图9-9所示。

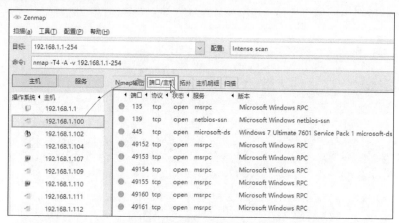

图 9-9　查看端口/主机信息界面

步骤 03 切换到"拓扑"选项卡，可以查看局域网中的所有设备及其拓扑结构，如图9-10所示。

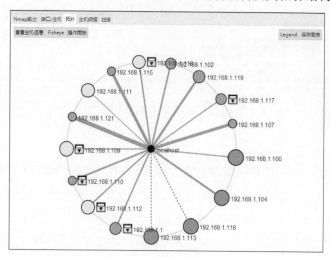

图 9-10　查看拓扑界面

步骤 04 选中某主机后,可以在"主机明细"选项卡中查看该主机的详细信息,如图9-11所示。

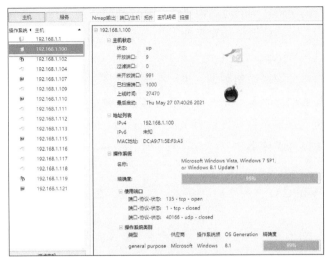

图 9-11 查看主机明细

步骤 05 除了局域网外,用户也可以对外网的网站进行扫描,如图9-12所示。

图 9-12 扫描外网网站

步骤 06 切换到"拓扑"选项卡,可以查看路由信息,如图9-13所示。

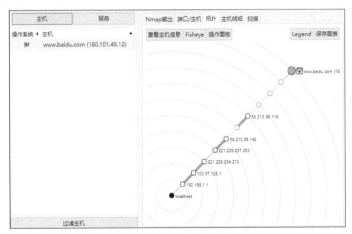

图 9-13 查看路由信息

■9.3.2 数据包嗅探工具

嗅探也称为抓包,嗅探工具可获取网络上流经的数据包,通过读取数据包中的信息,获取到源IP、目标IP、数据包的大小等信息。由于用交换机组建的网络是基于"交换"原理的,交换机不是把数据包发到所有的端口上，而是发到目的网卡所在的端口，这使得嗅探变得困难。嗅探程序一般利用"ARP欺骗"的方法，通过改变MAC地址等手段，欺骗交换机将数据包发给自己，嗅探分析完毕，再将数据包转发出去。

常用的嗅探工具有Wireshark，它是一款非常棒的UNIX和Windows系统上的开源网络协议分析器。它可以实时检测网络通信数据，也可以检测其抓取的网络通信数据快照文件，可以通过图形界面浏览这些数据，而且可以查看网络通信数据包中每一层的详细内容。Wireshark拥有许多强大的特性：包含强显示过滤器语言（rich display filter language）；能够查看TCP会话重构流；支持上百种协议和媒体类型；拥有一个类似tcpdump（Linux系统中一个网络协议分析工具）的命令行版本，名为tethereal。

Wireshark使用WinPCAP作为接口，直接与网卡进行数据报文交换。下面介绍Wireshark工具的使用方法。

1. 抓取数据包

步骤 01 启动软件后，选择需要抓取数据包的网卡：如果是有线连接，就选择有线网卡；如果是无线连接，就选择WLAN所在的网卡。此处双击"Realtek PCIe GbE Family Controller以太网"选项，也就是有线网卡，启动抓包，如图9-14所示。

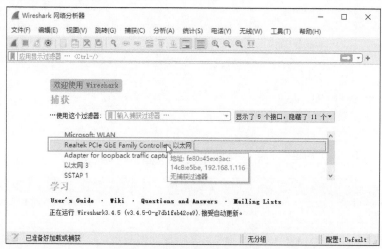

图9-14　选择有线网卡启动抓包

步骤 02 启动抓包后，等待一段时间，单击"停止捕获分组"按钮，如图9-15所示。

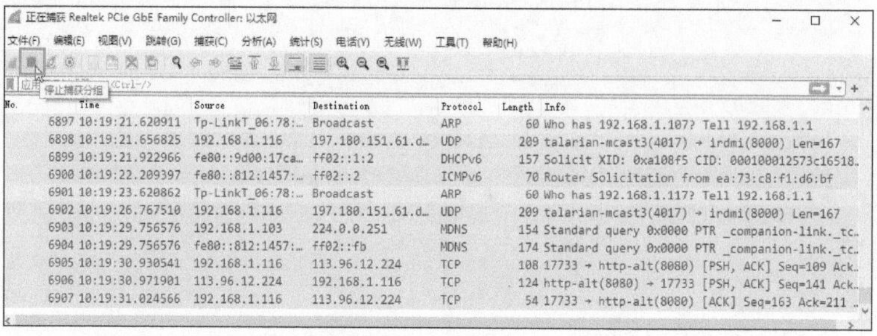

图9-15　单击"停止捕获分组"后界面

步骤 03 选择某一项后，可以查看该数据包的相关信息，如图9-16所示。

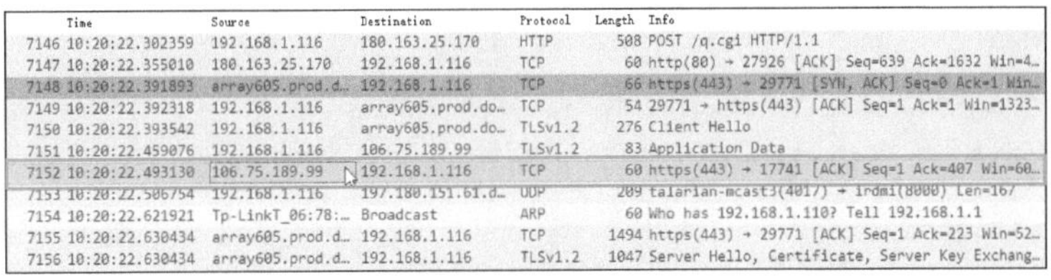

图 9-16 查看数据包信息

步骤 04 展开"Internet Protocol"选项，可以查看数据包中的信息，如图9-17所示。

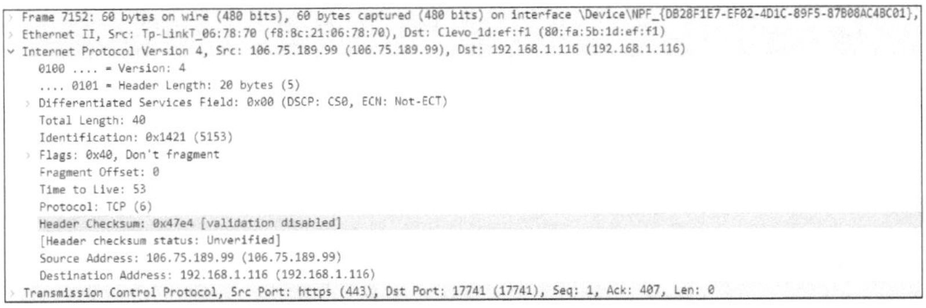

图 9-17 查看数据包中的信息

2. 筛选数据包

使用"应用显示过滤器"可以筛选数据包，筛选的常用格式如下：

- **ip.src==1.2.3.4**：筛选出源地址是1.2.3.4的数据包。
- **ip.dst==1.2.3.4**：筛选出目标地址是1.2.3.4的数据包。
- 如果需要筛选协议，可直接输入数据协议的名称，如tcp、udp、http等。
- **tcp.srcport==80**：筛选出TCP协议源端口号是80的数据包（dstport是指目标端口号）。

步骤 01 如果筛选目标IP地址是本机的数据包，可以输入筛选条件 ip.dst==192.168.1.116 ，如果语句正确，语句背景会变成绿色，按Enter键后显示结果，如图9-18所示。

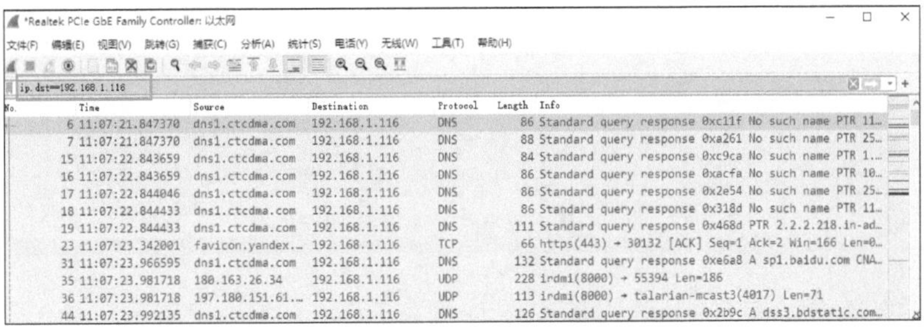

图 9-18 筛选本机的数据包

步骤 02 如果要筛选QQ数据包，可以输入"oicq"，按Enter键后会显示所有QQ的数据包，如图9-19所示。

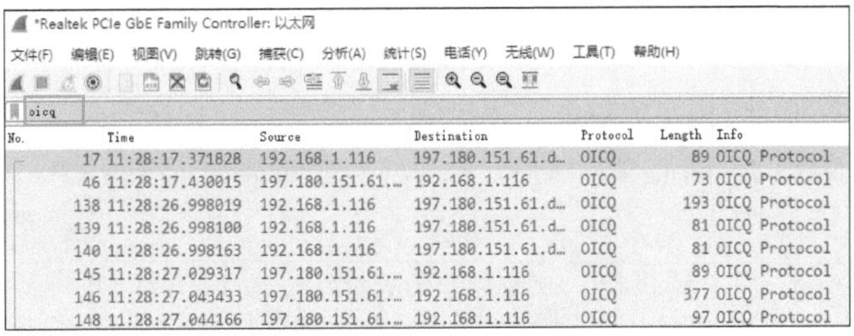

图 9-19 筛选 QQ 数据包

3. 追踪数据包

通过追踪可以获取该数据流的其他数据包。具体操作如下：

步骤01 在需要追踪数据流的数据包上单击鼠标右键，从"追踪流"中选择追踪方式"TCP流"，如图9-20所示。

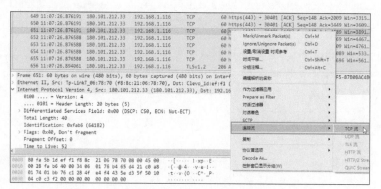

图 9-20　选择追踪方式

步骤02 软件会筛选出该数据流中所有符合条件的数据包，如图9-21所示。

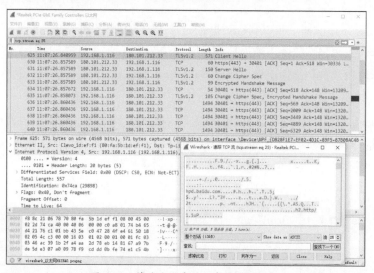

图 9-21　筛选出所有符合条件的数据包

■9.3.3　系统漏洞扫描工具

系统漏洞是由多方面的因素造成的，尽早发现漏洞和修补漏洞是避免威胁产生的最有效的手段。系统漏洞扫描工具有很多，比较专业的工具是Nessus。

Nessus是目前全世界非常受欢迎的系统漏洞扫描与分析软件之一，有非常多的机构使用Nessus进行计算机系统的扫描与分析。Nessus提供完整的计算机漏洞扫描服务，并随时更新其漏洞数据库。Nessus可同时在本机或远程客户端上摇控使用，扫描与分析系统的漏洞。它的运作效能会随着系统资源的不同而自行调整，并可自行定义插件（Plug-in）。下面介绍Nessus的使用方法。

步骤01 打开Nessus软件，在主界面中，单击右上角的"New Scan"按钮，新建一个扫描，如图9-22所示。

图 9-22　Nessus 的主界面

步骤02 选择"Basic Network Scan"选项，启动配置，如图9-23所示。

步骤03 设置项目名称、描述、目标地址等信息，完成后，单击"Save"按钮，如图9-24所示。另外，在"Credentials"选项卡中可以设置登录远程主机的账号和密码，在"Plugins"选项卡中可以配置需要的插件。

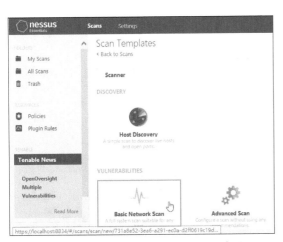

图 9-23　选择"Basic Network Scan"选项

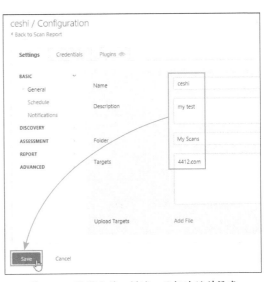

图 9-24　设置名称、描述、目标地址并保存

步骤04 单击 按钮，启动扫描，如图9-25所示。

图 9-25　启动扫描

步骤05 扫描后，在"Vulnerabilities"选项卡中，可以查看已经扫描到的系统漏洞信息，如图9-26所示。

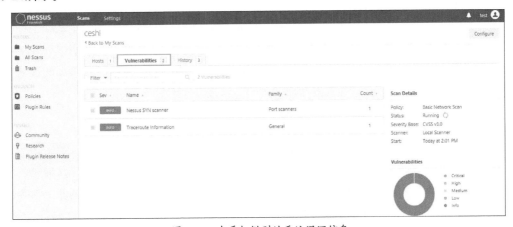

图 9-26　查看扫描到的系统漏洞信息

步骤 **06** 单击该漏洞信息后，可以查看到更详细的信息，如图9-27所示。

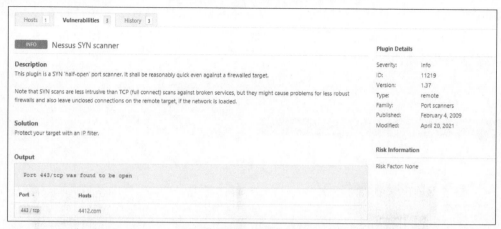

图 9-27　查看漏洞的详细信息

除了可以扫描第三方网站，还可以扫描本机或者局域网中的机器，此时使用IP地址即可，如图9-28所示。

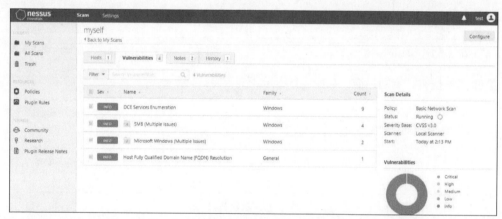

图 9-28　扫描本机

■9.3.4　远程管理工具

在管理网络时，常常需要进行远程操作，可以使用Telnet、SSH等协议，并通过各种网络管理软件远程配置服务器和网络设备等。如果需要使用远程桌面连接，可以使用Windows自带的远程桌面工具或者第三方的Team Viewer或ToDesk等软件。下面介绍两种常用的远程桌面工具。

1. Windows远程桌面连接

在使用Windows远程桌面前，需要先启用远程桌面连接功能。

步骤 **01** 在桌面上的"此电脑"图标上单击鼠标右键，选择"属性"选项，如图9-29所示，在弹出的界面中，选择"高级系统设置"，在弹出的"系统属性"对话框中选中"允许远程连接到此计算机"单选按钮，再单击"确定"按钮，如图9-30所示。

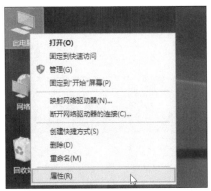

图 9-29　选择"属性"选项

图 9-30　远程选项设置

步骤 02 在客户端中，搜索并打开"远程桌面连接"，如图9-31所示。

步骤 03 打开"远程桌面连接"对话框，在"计算机"输入框中输入IP地址后，单击"连接"按钮，如图9-32所示。

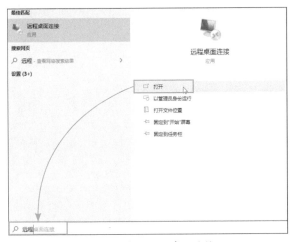

图 9-31　打开远程桌面连接

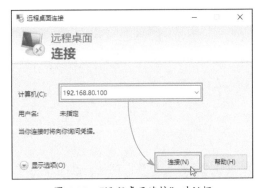

图 9-32　"远程桌面连接"对话框

步骤 04 在弹出的对话框中，输入要远程连接的服务器/计算机的账户和密码，勾选"记住我的凭据"选项，单击"确定"按钮，如图9-33所示。

步骤 05 远程连接的服务器/计算机的桌面随即被打开，如图9-34所示。

图 9-33　输入账户和密码

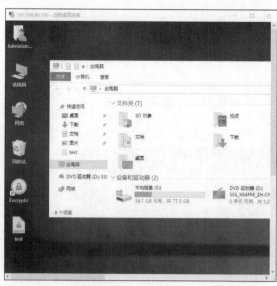

图 9-34　远程连接的服务器/计算机的桌面

2. 使用ToDesk进行远程桌面连接

ToDesk（以下简称TD）提供端到端的加密，具有安全可靠、使用简单、画质清晰、连接迅速和高效稳定的优点。使用TV（Team Viewer）软件的用户可以直接上手，操作非常简单。用户可到官网下载ToDesk客户端软件并安装好。由于ToDesk客户端软件的适用版本涵盖了Windows、iOS、Android、macOS、Linux等系统，因此在几种主流系统上都可以使用。

步骤 01 在两台计算机上都安装ToDesk软件，在主控端输入控端的控制码（ID），单击"连接"按钮，如图9-35所示，如果有密码，输入对方当前的临时密码即可连接。

图 9-35　主控端界面

步骤 02 如果两台计算机都是自己的，还可以通过注册账号和密码将两台机器加入进来。在设备列表中，可以查看到主机状态，上线会有提醒，双击就可以直接连接了，如图9-36所示。

图 9-36　设备列表界面

TD还有很多其他功能，如可以传输文件和远程学习等。TD还可以使用代理跳过一些公司设定的限制，实现远程关机、重启、锁定、使用文字聊天等，基本上远程操作所具有的功能TD也大都能实现。另外，利用TD的多终端还可以实现用手机操作计算机和用计算机操作手机的功能。

■9.3.5 端口及进程查看工具

端口及进程的查看，可以使用前面介绍的netstat命令和任务管理器，也可以使用更加方便实用的第三方软件。

1. 使用PortExpert查看

PortExpert软件非常适合新手，打开就可以查看当前计算机的进程、端口号以及连接信息，其主界面如图9-37所示。

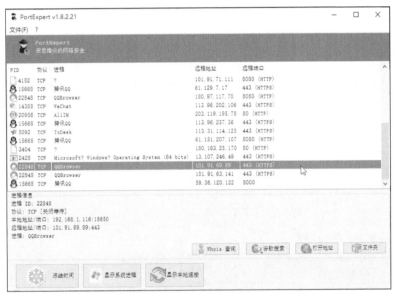

图 9-37　PortExpert 主界面

2. 使用Process Explorer查看

Process Explorer是一款免费的进程管理工具，有专业增强型任务管理器，是系统和应用进程的监视工具。它能管理隐藏在后台运行的进程，能监视/挂起/重启/强行终止任何程序，包括系统级不允许随便终止的关键进程等。该软件不仅具有Filemon（文件监视器工具）和Regmon（注册表监视器工具）两个工具的功能，还有许多重要的增强功能，包括稳定性和性能的改进、强大的过滤选项、进程树对话框（增加了进程存活时间图表）、根据单击位置变换的右键快捷菜单过滤条目、集成带源代码存储的堆栈跟踪对话框、更快的堆栈跟踪、对映像（DLL和内核模式驱动程序）加载的监视，以及在系统引导时记录所有操作等。

以下是Process Explorer软件的使用方法。

步骤 01 软件无需安装，双击即可启动。在启动Process Explorer后的主界面中，可以查看所有的进程信息，如图9-38所示。

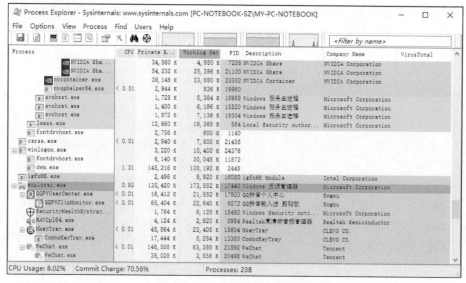

图 9-38　Process Explorer 主界面

步骤 02 不同的背景颜色表示不同的进程类型，其中紫色代表自有进程，粉色代表服务，青色代表虚拟进程。用户选中某个进程，单击鼠标右键，选择"Properties..."选项，如图9-39所示，可以查看该进程和程序的详细信息，如图9-40所示。

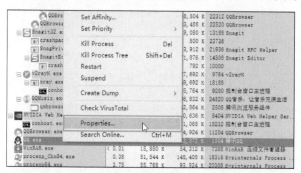

图 9-39　选择"Properties..."选项

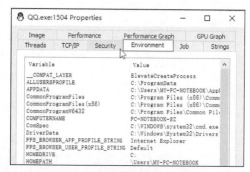

图 9-40　进程和程序的详细信息

步骤 03 在程序上单击鼠标右键，选择"Check VirusTotal"选项，如图9-41所示，该软件将会对该进程的程序进行Hash值计算，并上传到病毒库进行比较，如图9-42所示。

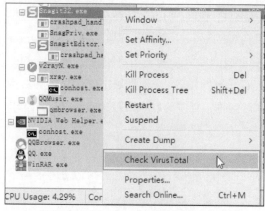

图 9-41　选择"Check VirusTotal"选项

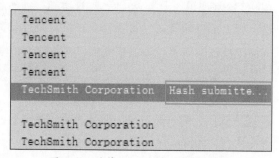

图 9-42　计算Hash值并上传到病毒库

步骤 04 检测结果的显示中，"0/74"表示检测了74个引擎，其中有0个引擎检测出有异常，如图9-43所示。单击"0/74"可查看详细信息，如图9-44所示。

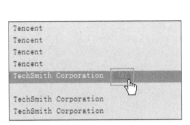

图 9-43 检测结果

图 9-44 检测结果的详细信息

如果检测时发现异常，会向用户发送异常提示，如图9-45所示。

图 9-45 异常提示

■9.3.6 简单网络管理与监控软件

网络监控软件很多都是基于SNMP（简单网络管理协议）的。作为网络监控的行业标准协议，SNMP是非常重要的，因为它能够帮助企业快速准确地了解网络的详细情况。SNMP是网络管理员跟踪网络通信的最佳方法之一，通过SNMP能够非常详细地了解网络中的数据传输方式。使用SNMP监控，管理员可以查看实际数据包的信息，获得不断变化的网络通信的实时概览，以及汇总展示所需的类别信息。

常见的SolarWinds NPM是SolarWinds公司的一款功能强大的监控软件，配备多种不同的SNMP管理软件模块，具有SNMP扫描工具，可以帮助网络管理员监控网络设备。

1. 监控设备故障、可用性和性能

NPM软件利用SNMP监控轮询设备的管理信息库（MIB），以获取关键性能指标。利用NPM软件中的SNMP监控工具，可以监控所有兼容设备的网络故障、可用性和性能（如图9-46所示），并且可以创建客户监控器，轮询非现成支持设备的对象标识符（OID）。

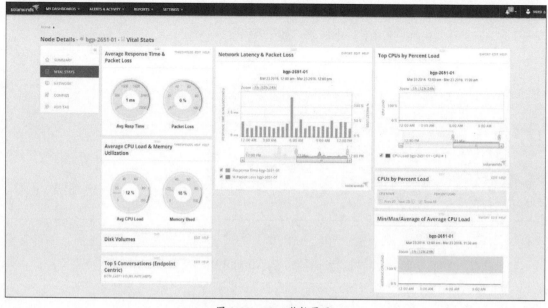

图 9-46　NPM 监控界面

2. 自动发现网络设备

　　NPM中的SNMP轮询功能也可以用作网络中的SNMP扫描工具。在大型动态网络中，若设备硬件来自不同的供应商或具有独特的专有协议，那么此功能非常有用。根据NPM性能统计中的信息（如图9-47所示），管理员就可以更好地优化网络设备性能并排除故障。

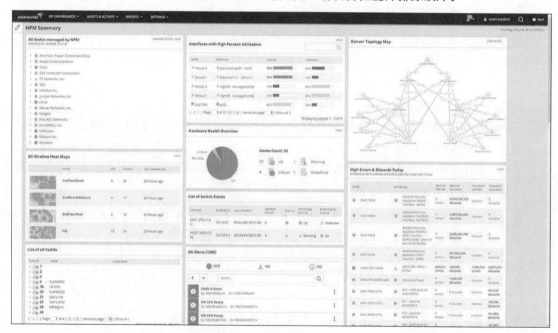

图 9-47　NPM 性能统计界面

3. 简单SNMP监控部署

安装NPM旨在方便用SNMP监控和轮询网络。对于兼容SNMP V1或SNMP V2C的设备，部署时只需通过纯文本共享密码来验证数据包即可。NPM还支持设置兼容SNMP-V3的设备，此类设备的设置通常更复杂，需要验证身份和加密凭据。当SNMP设备发现完成，用户可以通过一个统一的直观的Web控制台获得监控SNMP陷阱接收器、网络设备和整体网络性能的权限。SolarWinds NPM还能提供即开即用的网络警报、报表和直观的图表，以便用户了解其网络运行状况并将性能瓶颈进行隔离，图9-48所示为NPM的网络警报界面。

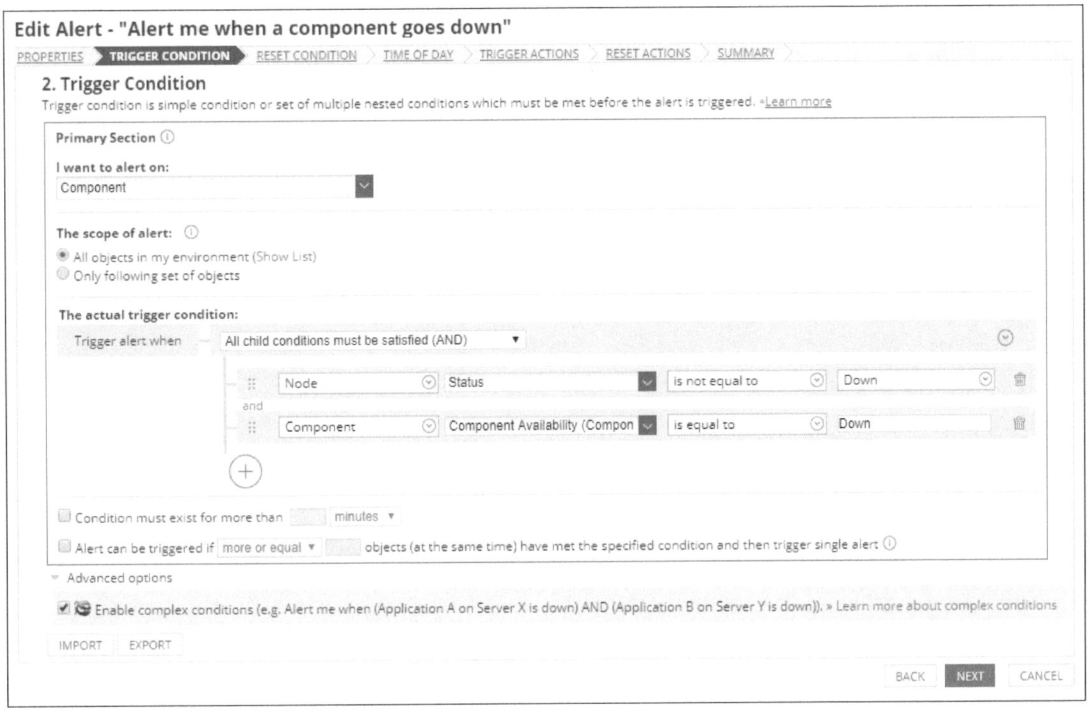

图 9-48　网络警报界面

4. 监控SNMP和其他协议

借助NPM功能强大的工具包，管理员能够获得更深入的网络设备洞察力。NPM用于监控任何发送的syslog消息或响应SNMP、Internet控制报文协议（ICMP）、API及Windows管理工具（WMI）的设备。对于基于Windows的服务器，当与SolarWinds服务和应用监控器一起使用时，NPM可以通过WMI协议工作。

SolarWinds NPM能帮助用户将所监控的性能指标转变为易于理解和可共享的视图；能创建动态和自定义地图，以实时可视化网络性能；还能使用自定义HTML生成动态图，这样就可以对网络层逐层展开，轻松洞察网络的性能。

拓展阅读

建设基础网络、数据中心、云、数据、应用等一体协同的安全保障体系。开展通信网络安全防护，研究完善海量数据汇聚融合的风险识别与防护技术、数据脱敏技术、数据安全合规性评估认证、数据加密保护机制及相关技术检测手段。

——《"十四五"国家信息化规划》

课后作业

一、单选题

1.最常用来检查网络的逻辑链路是否正常的命令是（　　　）。

A. tracert
B. ping

C. nslookup
D. ftp

2.在ipconfig命令中，显示所有网卡详细信息的选项是（　　　）。

A. /all
B. /release

C. /renew
D. /flushdns

二、多选题

1.网络中可以被管理的设备包括（　　）。

A. 路由器
B. 交换机

C. 主机
D. 打印机

2.故障管理过程主要包括（　　）。

A. 故障检测
B. 故障诊断

C. 故障修复
D. 故障报告

3.常用的远程桌面管理软件有（　　）。

A. Windows 远程桌面连接
B. TeamViewer

C. ToDesk
D. Nessus

三、简答题

1.简述计算机网络管理体系。

2.简述计算机网络管理的主要功能。

四、动手练

按照9.2中的内容，练习网络管理命令的使用方法。

第 10 章

网络维护与
网络故障排除

内容概要

小型局域网大多是由使用者独立维护的，而大中型局域网一般是由专业的网络管理人员进行维护。网络维护的目标就是确保网络和设备都可以正常运转。本章将介绍网络维护的相关知识、网络常见故障及产生原因和排除方法。

知识要点

网络维护的内容及要求。
网络常见故障的排查。
网络常见故障的产生原因及修复方法。
局域网常见故障及解决方法。

10.1 网络维护简介

网络维护是一种日常维护，包括网络设备管理（如交换机、路由器、防火墙、服务器等）、操作系统维护（如系统打补丁、系统升级等）、网络安全（如病毒防范）等。在网络正常运行的情况下，网络基础设施的管理主要包括：确保网络传输的正常；掌握网络中主干设备的配置及配置参数变更情况；备份各个设备的配置文件。定期对网络设备、网络线路进行维护和排查，可以及早发现问题，排除故障隐患。

1. 网络维护的主要内容

日常网络维护中，需要重点维护的内容包括：

- 设置、维护和管理交换机、服务器、路由器，确保各类设备高效、正常运行。
- 对网络用户提供技术支持和咨询，及时响应用户的上网和变更请求。
- 负责网络的安全，管好用好防火墙，加强对网络病毒和网络黑客的监测和预防。
- 保存和备份系统运行日志，随时为安全保卫部门提供查询。
- 网络的扩展、升级和出口速率的提升。
- 跟踪网络新技术，利用好网络管理软件。

2. 网络管理员的工作内容

网络管理员是网络维护内容的实际执行者，对于网络管理而言，他们的工作非常重要。网络管理员的日常网络管理工作主要包括：

- 硬件测试、软件测试、系统测试、可靠性（含安全）测试。
- 网络状态监测和系统管理。
- 网络性能监测和认证测试（工程验收评测）。
- 网络故障诊断和排除，设计故障恢复方案。
- 定期测试和文档备案、故障报告、参数登记、资料汇总与统计分析等。
- 网络性能分析、预测。
- 故障预防和早期发现。
- 维护计划、手段以及实施效果的评测、改进和总结回顾，制订规章制度。
- 综合可靠性和网络维护的目标，选择合适的网络评测方法。
- 人员培训、工具配备等。

3. 网络维护的具体要求

在日常的网络维护中，重点包括以下几个方面的内容。

（1）常规检测（监测）和专项检测（监测）

常规检测（监测）指一般性的定期测试，主要监测并分析网络的主要工作状态和性能是否符合要求；专项检测（监测）是指在处理故障时或在进行网络性能详细分析评测时进行的有针对性的专门检测/监测项目。

（2）定期维护和不定期维护

定期维护是指为了保证网络持续地正常工作，防止网络出现重大故障或重要性能下降而进行的定期、定内容的网络测试和维护工作，并定期监测能反映网络基准状态的各项参数；在针对系统故障或出现异常时，以及非重要参数的监测时，所实施的维护和监测工作是不定期维护的重要内容。

（3）事前维护和事后维护

事前维护是指预防性维护，包括定期维护、不定期维护、视情维护等；事后维护是指在完成系统修复、故障诊断等工作后进行的维护，包括系统升级、结构调整、应用调整、协议调整后的维护等。

（4）视情维护和定量（定期）维护

视情维护是指根据网络的规模、历史、现状、当前需要和故障特点等因素确定维护和检测的范围以及深度。它需要以良好的定期、定量维护为基础，主要是在怀疑系统存在问题、异常或故障征兆、定期维护未涉及或不便涉及的内容以及非定期检测的关键参数时实施。定期/定量维护则是相对固定的维护、测试或调整的工作内容，旨在保持系统良好的工作状态，及时发现隐患和潜在的重大故障。

（5）维护工作的有效性和效率

将网络管理、网络协议检测分析、系统及应用的管理和分析、应用流量的管理和分析、硬件系统测试、网络文档备案、网络可靠性分析（含基准测试分析和趋势分析）等维护工作进行有机结合，用以评定维护工作的有效性和效率，将维护人员的数量、素质和维护成本的优化度纳入系统性能和维护效果的评价指标，从整体上全面评价网络维护工作的效果和效率。

（6）现场认证测试

当新系统竣工或即将启用时，或当系统升级和进行系统调试、结构调整等工程时，均需要进行现场认证测试，以确保新系统或系统更新后的品质。

（7）网络维护的目标

网络维护的目标是提高系统可靠性和运行效率、优化TCO（total cost of ownership，总拥有成本）、增强竞争力（含网络先进程度的综合权衡和测评）。

（8）分级维护

分级维护是指根据系统规模和层次/级别的不同而分别安排的维护和测试工作。

10.2　网络故障的排查

由于电子设备产品本身的电气性能、安全性能以及使用者的水平参差不齐，局域网产生的问题也是多种多样的。出现故障要及时排查和解决，将网络故障导致的损失降到最低。

10.2.1　故障排查过程

1. 观察故障现象，询问故障相关情况

在处理网络故障时，需要先询问和了解故障发生的时间和原因，然后按照先外（网间连线）后内（单机内部）、先硬（硬件）后软（软件）的原则动手检查硬件和软件设置。首先了解用户最后一次网络正常运行的时间，并调查从上次正常运行到这次故障期间机器的硬件和软件是否有变化，这期间执行过哪些操作，根据这些信息快速判断故障可能发生的地方；其次判断是否是用户操作不当引起的网络故障。实际上有很多的网络问题与网络硬件本身无关，而是由于网络用户对计算机的错误操作造成的。例如，用户极有可能安装了会引发问题的软件，或者误删除了重要文件，亦或者修改了计算机的设置，这些都可能导致网络故障。对于这些故障，通常通过一些简单的设置或恢复操作即可解决。如果网络中有的硬件设备被改动过，则需要检查被改动过的硬件设备。例如，若网线被换过，就需要检查新更换的网线类型是否正确。

2. 排查故障

故障的排查顺序可以按照OSI七层模型进行，从物理链路的检查开始，排查数据链路层、网络层、传输层、应用层。例如，先排查物理层的网线、网络接口、接线器或交换机的物理故障，再从网卡、协议方面着手排查，最后对各种应用、服务进行逐一排查。

（1）复现故障

在处理操作员报告的问题时，对故障现象的详细描述显得尤为重要。仅凭操作员的一面之词，多数情况无法得出准确的结论，这时管理员需要亲自操作，复现出错的事件，并特别注意错误提示信息。例如，在使用Web浏览器进行浏览时，无论输入哪个网站都返回"该页无法显示"之类的信息；在使用ping命令时，无论ping哪个IP地址都显示超时连接信息等。复现这类的出错事件时，错误提示会提供许多有价值的信息，有助于缩小问题的排查范围。

（2）列举原因

例如，故障为"无法查看信息"。作为网络管理员，应当考虑"无法查看信息"可能存在的原因，如网卡硬件故障、网络连接故障、网络设备故障、TCP/IP协议设置不当等。遇到问题不要着急下结论，可以先根据出错的情况将可能的原因按优先级别排序，然后逐一排除。

（3）缩小范围

对列出的可能导致故障的原因逐一进行测试，且不要只根据一次测试的结果就断定某一区域的网络是否运行正常。此外，不要因为已经确定了的第1个原因就停止测试，应直到测试完为止。

除了测试之外，网络管理员还要注意观察网络设备面板上的LED指示灯。通常情况下，绿灯表示连接正常，红灯表示连接故障，不亮表示无连接或线路不通。根据数据流量的大小，指示灯会时快时慢地闪烁。同时，在测试过程中要记录所有观察、测试的手段和结果。

（4）隔离错误

经过一轮测试后，基本确定了故障的部位。对于计算机的错误，可以先检查该计算机的网卡是否安装好、TCP/IP协议是否安装并设置正确、Web浏览器的连接设置是否得当等与已知故障现象有关的内容，然后开始排除故障。

（5）故障分析

问题处理完后，网络管理员必须搞清楚故障是如何发生的，是什么原因导致的，做好故障分析。为避免类似故障的再次发生，网络管理员还需要拟定相应的对策，采取必要的措施，以及制定严格的规章制度。

3. 排除故障

在了解故障产生的原因及带来的影响后，对相应故障原因进行排除。

- 若是设备本身的质量问题，可以联系售后维修。
- 若是网线等物理链路和接口问题，可以重新铺设线路，制作接口。
- 若是软件问题，需要卸载原有软件重新安装，或者重新设置。
- 若是硬件冲突问题，则需要去除、更换冲突设备或者重新安装不冲突驱动。
- 若是服务配置问题，则需要重新配置。

10.2.2　排查故障常用工具

在排查故障时，除了发挥个人经验和使用设备本身的指示灯外，还可以使用一些工具来辅助故障排查。常用的辅助工具有：

- **网线检测仪**：主要用来检测网线是否正常，是否有断路，如图10-1所示。
- **寻线仪**：除了具有网络检测仪的功能外，还可以在复杂的机房环境中，快速找到需要的跳线或网线，有些高级寻线仪还可以检测断路点。常见的寻线仪如图10-2所示。

图 10-1　网线检测仪

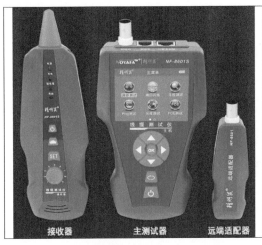

图 10-2　寻线仪

- **红光笔**：用来检测光纤线路是否有断点，以及寻找光纤的功能。
- **光功率计**：用来检测光纤的衰减情况。
- **检测命令**：在网络故障检测时经常会使用，如ping、ipconfig、tracert等命令。

10.3　网络设备的常见故障及修复

网络设备故障的主要表现是网络不通或者网络异常，需要排查当前局域网中的网络设备，包括网卡、网线、交换机、路由器等。

10.3.1　网卡的常见故障及修复

网卡发生故障主要包括硬件和软件两方面，下面是网卡发生故障的原因及修复方法。

1. 物理连接故障

若是网卡接口损坏、接口接触不良、网线未插紧等原因，可以通过重新拔插网线解决；如果仍有问题，就需要更换网卡。

此外，可以检查网卡的工作指示灯。若是链路指示灯不亮，则表示物理连接无法访问网络，可能是网络设备（如计算机或服务器）或者网络本身出现了问题，可以通过替换法使用其他网线或者更换连接的端口进行测试，最终确定故障原因和故障部位。

2. 驱动故障

如果是由设备未识别到网卡、识别错误或者网卡驱动未安装导致的故障，可以通过更新驱动、手动安装驱动修复。这种方法可以解决包括TCP/IP协议未正确安装产生的问题。如果是网卡损坏，则需要更换网卡。

3. IP地址错误

如果右下角出现黄色的叹号，或者获取到的IP地址是169.254开头的IP地址，说明DHCP服务器出现故障，需要检查DHCP服务器是否工作正常。如果是小型局域网，可以尝试重启路由器再检查。

■10.3.2　网线的常见故障及修复

网线的常见故障主要包括以下两种。

1. 物理故障

如果网线两端的水晶头制作不规范，或是两端的导线顺序没有按照标准制作，则需要重新制作。如果能排查出网线中部有断路，则可以使用工具重新连接；若无法排查出来，则需要重新布线。

2. 网线质量

网线质量问题主要是使用了非标准的网线，无法保证网络带宽。例如，网卡、交换机或路由器都使用的是千兆的，而网络带宽仅100 M，此时就需要排查网线了。如果使用了劣质网线，容易因为干扰和线路不稳定造成网络时断时续、丢包严重、网络降速等问题。

■10.3.3　交换机的常见故障及修复

交换机作为集线设备，出现故障的概率非常大。交换机常见的故障及修复方法有以下几类。

1. 电源故障

外部供电不稳定、电源线路老化或者雷击等原因都可能导致电源损坏，或者电源风扇停转，或者机内其他部件损坏，这些问题都会导致交换机不能正常工作。如果交换机面板上的POWER指示灯是绿色的，表示机器电源是正常的；如果该指示灯熄灭了，则说明交换机没有正常供电。针对这类故障，首先要确保外部电源供应正常，一般可以引入独立的电力线并提供稳压器，可以避免瞬间高压或低压现象。如果条件允许，还可以添加UPS（uninterruptible power supply，不间断电源）来保证交换机的正常供电。在机房内设置专业的避雷措施，避免雷电对交换机造成损害。现在有很多专业的避雷工程专业公司提供相关服务，实施网络布线时可以考虑。

2. 端口故障

这是最常见的硬件故障，无论是光纤端口还是双绞线的RJ-45端口，在插拔接头时一定要小心。如果把光纤插头弄脏，可能导致光纤端口污染而不能正常通信。虽然理论上可以带电插拔接头，但是这样会无意间增加端口的故障发生率。此外，在搬运时不小心，也可能导致端口物理损坏。如果购买的水晶头尺寸偏大，插入交换机时也容易破坏端口。如果接在端口上的双绞线有一段暴露在室外，若这根电缆被雷电击中，就会导致所连交换机端口被击坏，或者造成更严重的损坏。通常，端口故障是个别端口损坏，因此，在排除了端口所连计算机的故障后，可以通过更换所连接端口判断其是否损坏。遇到此类故障，可以在断电后用酒精棉球清洗端口。如果端口确实被损坏，则只能更换端口了。

3. 模块故障

交换机是由很多模块组成的，如堆叠模块、管理模块（也叫控制模块）、扩展模块等。虽然这些模块发生故障的概率很小，但一旦出现问题，就会遭受巨大的经济损失。插拔模块时不小心，或者搬运交换机时受到碰撞，或者电源不稳定等情况，都可能导致模块故障的发生。值得一提的是，上面提到的3个模块都有外部接口，比较容易辨认，有的还可以通过模块上的指示灯辨别故障所在。在排除此类故障时，首先应确保供应交换机及模块的电源正常，然后检查各个模块是否插在正确的位置上，最后检查连接模块的线缆是否正常。

4. 背板故障

交换机的各个模块都是接插在背板上的。如果环境潮湿致使电路板受潮短路，或者元器件因高温、雷击等因素而受损等，都会造成电路板不能正常工作。例如，散热性能不好或环境温度太高会导致机内温度升高，致使元器件烧坏。在外部电源正常供电的情况下，如果交换机的各个内部模块都不能正常工作，那很可能是背板坏了，此时唯一的办法就是更换背板。

5. 线缆故障

从理论上讲，线缆故障不属于交换机本身的故障，但在实际使用中，电缆故障经常导致交换机系统或端口不能正常工作。因此，这类故障也被归入交换机硬件故障。例如，接头接插不紧、线缆制作时顺序排列错误或者不规范、使用错误的连接线（应该使用交叉线却使用了直连线）、光缆中的两根光纤交错连接，以及错误的线路连接导致网络环路等。

从以上几种硬件故障来看，机房环境不佳极易导致各种硬件故障。因此，在建设机房时，必须做好防雷接地、供电电源、室内温度、室内湿度、防电磁干扰、防静电等环境的建设，为网络设备的正常工作提供良好的环境。

6. 系统错误

交换机系统是硬件和软件的结合体。在交换机内部有一个可刷新的只读存储器，用于保存交换机所必需的软件系统（类似于常见的Windows、Linux系统）。由于当时设计的原因，这些系统可能存在一些漏洞。当满足一定条件时，这些漏洞可能会导致交换机满载、丢包、错包等现象的发生。因此，交换机系统提供了诸如Web、FTP等方式下载并更新系统。然而，在升级系统的过程中，也有可能发生错误。为了解决此类问题，需要养成经常浏览设备厂商网站的习惯，如果有新的系统推出或者新的补丁，要及时更新。

7. 配置不当

由于对交换机不太熟悉，或者由于不同型号的交换机配置不一样，管理员在配置交换机时可能会犯错。例如，VLAN划分不正确可能导致网络不通、端口被错误地关闭、交换机和网卡的模式配置不匹配等问题。这类故障有时很难察觉，需要管理员具备一定的经验。如果不能确保用户的配置没有问题，建议先恢复出厂时的默认配置，再一步一步地重新配置。在重新配置之前，先阅读说明书。每台交换机都提供了详细的安装手册和用户手册，其中对每类模块都有详细的说明。

8. 外部因素

由于可能存在黑客攻击，致使某台主机向所连接的端口发送大量不符合封装规则的数据包，这会造成交换机处理器过分繁忙，数据包来不及转发，进而导致缓冲区溢出产生丢包现象。此外，还有广播风暴的问题，它不仅会占用大量的网络带宽，还会占用大量的CPU处理时间。如果网络长时间被大量广播数据包占用，正常的点对点通信将无法正常进行，网络速度会变慢甚至导致整个网络瘫痪。一块网卡或者一个端口发生故障都有可能引发广播风暴。由于交换机只能分隔冲突域，而不能分隔广播域（在没有划分VLAN的情况下），因此，当广播包的数量占到通信总量的30%时，网络的传输效率就会明显下降。

■10.3.4   路由器的常见故障及修复

企业级路由器在使用过程中产生的故障主要集中在以下几个方面。

1. 供电故障

检查供电插座的电流和电压是否正常，如果供电正常，再检查电源线是否有损坏、松动的现象等。电源线若有损坏就需要将其更换。

2. 路由器散热不良或设备不兼容

当出现网速下降的情况时，可以用手触摸路由器等网络接入设备的表面，如果感觉很烫手，说明频繁掉线的原因很可能是硬件设备的问题，最好更换一台新设备，这样一般就能恢复正常上网了。另外，将路由器等设备放在散热条件比较好的地方，情况也会有所改善。如果设备温度没有异常，那么很有可能是路由器和ISP的局端设备不兼容的问题。因为设备不兼容而掉线，唯一的解决办法就是更换其他型号的路由器。

3. 功能无法实现

路由器的系统软件存在许多版本，每个版本支持的功能有所不同，出现功能无法实现的情况很可能就是当前的软件系统版本不支持某些功能，从而导致路由器部分功能的丧失。通常情况下，将相应的软件升级就可以解决问题了。

4. 网络性能降低

引起网络性能降低的原因比较复杂，有可能是硬件方面的问题；也有可能是局域网内有用户使用软件下载大量的资料，占用大量宽带，严重影响网速，进而造成网络性能降低。用户应该先检查局域网内是否有用户经常使用软件下载大量的资料，排除这一因素后，再继续深入寻找原因。

5. 冲突

多台DHCP服务器会引起IP地址混乱。当网络上有多台DHCP服务器时，会造成网络上的IP地址冲突，从而导致冲突用户频繁地不定时地掉线。此时，将网络中的所有DHCP服务器关闭，使用手动方式指定IP地址，即可解决该问题。

6. 配置故障

若路由器的基础配置和高级配置设置不当，就会产生故障。例如，RIP、OSPF、NAT等配置不当或参数设置错误都会造成网络故障，可以检查配置，修改或者重新进行配置。

7. 欺骗

欺骗包括ARP欺骗、DNS欺骗等。遇到这种情况，可以在计算机中安装ARP防火墙，或者在计算机和路由器中将IP地址和MAC地址绑定，便可以避免该类问题的发生。

10.4 网络终端的常见故障及修复

网络终端的常见故障除了设备本身损坏之外，还包括终端的设置故障、操作系统故障和优化软件引起的故障等。

1. 设置故障

设置故障主要是指由IP地址的设置引起的故障。如果手动配置IP地址，需要防止发生IP地址冲突或者由于IP地址、子网掩码、网关、DNS等输入错误而造成无法联网或无法访问网页的故障。原则上应使用DHCP自动获取IP地址。

2. 操作系统故障

操作系统产生故障可能会导致网卡驱动丢失或网络设置丢失等问题。如果使用的是Windows系列操作系统，可以通过"疑难解答"中的"Internet连接"检测无法上网的问题，如图10-3所示；也可以使用网络适配器的诊断程序检测网卡是否存在故障，如图10-4所示。

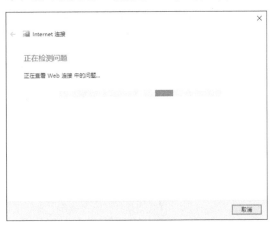

图 10-3 "Internet 连接"界面

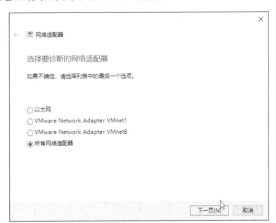

图 10-4 网络适配器检测界面

如果是防火墙的问题，可以关闭防火墙或者使用防火墙的"疑难解答"，查看防火墙设置是否有问题，如图10-5和图10-6所示。

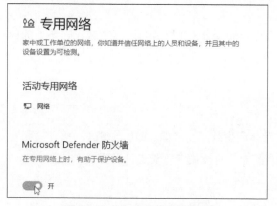

图 10-5　防火墙开关设置界面

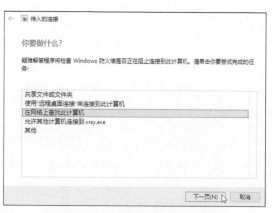

图 10-6　防火墙"疑难解答"界面

如果仍不能排除故障，可以进行网络重置，如图10-7所示。

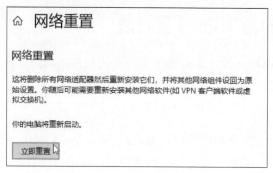

图 10-7　网络重置

3. 优化软件引起的故障

很多用户在使用Windows操作系统时会使用优化软件，但这有可能造成网络故障。如果出现网络故障，应检查优化软件是否对程序设置了禁止联网，或者检查是否对网络进行了错误的优化，如图10-8和图10-9所示。

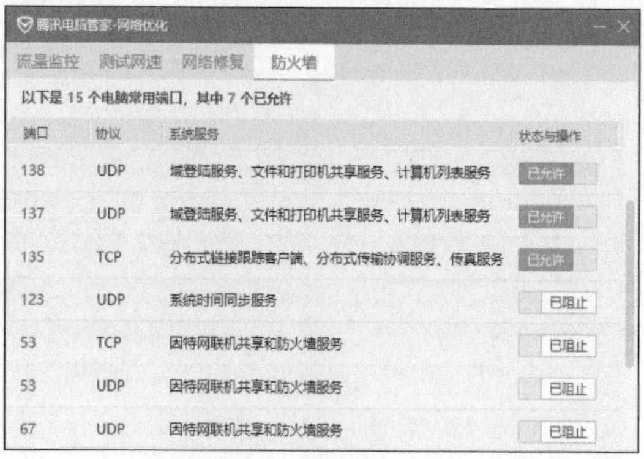

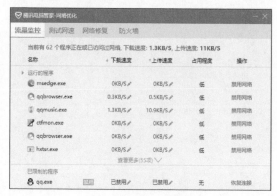

图 10-8　检查防火墙设置

图 10-9　检查网络优化

10.5 局域网常见故障及解决方法

日常使用局域网时，可能会发生各种故障。下面介绍一些在局域网中经常遇到的故障及其解决方法。

1. 局域网共享故障

局域网共享有时会导致无法访问到对方的设备。此时，可以使用ping命令检测对方主机是否可以通信。如果无法通信，需要检查网络设备、网卡、网线和对方的防火墙设置。如果可以ping通，但无法访问共享，则需要检查对方的设备是否开启了共享、是否在高级共享中启用了网络发现协议、是否启用了文件和打印机共享等，如图10-10所示。

如果无法从"网络"中查看到其他设备，可以在"Windows功能"中安装SMB服务，再进行测试即可。

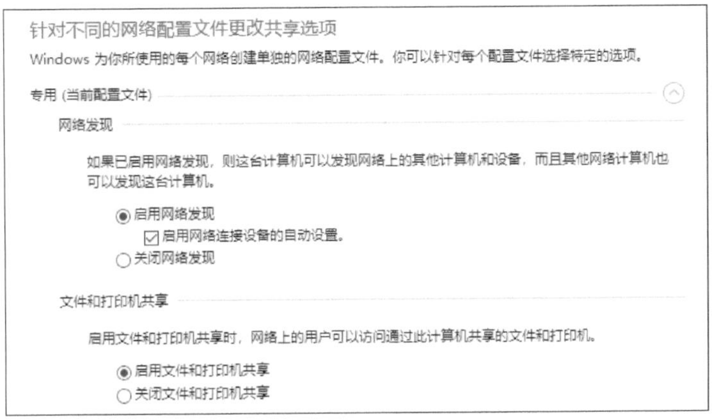

图 10-10　共享设置界面

2. 拒绝访问

如果共享或其他的访问被拒绝，需要检查防火墙设置，可以先关闭防火墙，再进行测试。如果仍不能访问，可以检查Windows系统的账户权限和NTFS权限中是否有访问的权限。

3. 网络服务器故障

当网络服务器出现故障时，首先应检查配置文件是否被修改。如果确认没有问题，可以使用备份文件进行还原，前提是定期对服务器的重要文件和配置文件进行备份。如果服务器的硬件损坏，尤其是硬盘发生了故障，需要及时备份数据并更换硬盘，因为数据的安全永远是第一位的。

4. 代理故障

现在很多内网用户使用代理来访问特定的服务器或者网站。如果出现了问题，首先需要检查用户的网络是否正常，然后检查代理设置是否有误，最后检查代理服务器本身是否出现了故障。可以使用排除法和替代法进行检测。

5. 网络冲突故障

网络冲突故障通常是由IP地址冲突引起的，如果局域网体量较小，可以通过排查和更换IP

地址解决问题；如果网络体量较大，建议使用DHCP自动获取IP地址，或者划分子网来缩小可能产生冲突的范围。

6. 无线设备故障

当无线网络设备发生故障时，需要先查看无线终端与无线设备之间的通信是否正常，再检测无线设备与其他设备（包括网关）之间的通信是否正常。如果无线使用的是AC控制器，则还需要检查无线AC设置是否有问题，并查看其他AP是否正常工作。如果多个AP同时出现故障，则很可能是无线AP或交换机出现了问题；如果是单个AP出现问题，则可以使用AP的重置功能，重置后再重新进行参数设置。

7. 网络出现阻塞

如果网络发生阻塞，首先需要检查是否由网络通信量激增引起的，即查看网络中是否存在大量用户同时发送和传输大量数据，或用户的某些程序在无意中发送了大量的广播数据到网络上。这两种情况都会导致网络通信量的激增，严重时便导致局域网发生网络阻塞。

如果上述现象没有发生，接下来需要检查网络中是否存在设备故障。由于设备故障导致局域网速度变慢主要有两种情况：一种是设备不能正常工作，导致访问中断；另一种是设备出现故障后由于得不到响应而不断向网络中发送大量的请求数据，导致发生网络阻塞，甚至网络瘫痪。出现这种情况时，只有及时维修或者更换出故障的设备，才能彻底解决故障问题。

如果网络设备工作正常，但网络速度下降严重，甚至出现网络阻塞或网络瘫痪，则极有可能是计算机病毒引起的。例如，计算机"蠕虫"病毒，计算机一旦感染此病毒，就会不停地通过网络发送大量数据，导致网络阻塞甚至瘫痪。如果网络中存在病毒，必须用专业的杀毒软件对网络中的计算机进行彻底杀毒。

8. 交换机发生环路

频繁更改网络很容易引起网络环路，而由网络环路引起的网络堵塞现象常常具有较强的隐蔽性，不利于故障的高效排除。对于高端交换机，只要启用生成树协议即可解决网络环路问题。如果是普通的交换机，一旦出现环路，就需要一根网线一根网线地排查，直到找出造成环路的网线，然后拔掉，使网络恢复正常。拔网线的频率建议在10~20 s之间。因此，组建网络的时候一定要标记每根网线，这对以后的维护工作非常重要。

9. ARP攻击

解决ARP攻击最好的方法是双向绑定地址，既在路由器上绑定，也在客户机上绑定。绑定的方法很多，可以通过命令绑定，也可以通过软件绑定。如果路由器不支持绑定功能，就只能安装ARP防火墙来增强网络的安全性了。

10. DNS错误

当可以ping通网关但无法上网时，最可能的原因是DNS出现了故障。一方面可能是DNS未配置或未从DHCP服务器获取到IP地址，需要用户手动配置DNS地址，或者检查路由器的DNS是否正常工作；另一方面可能是DNS配置错误，也需要用户手动检查并修改配置。如果局域网不允许上网，用户可以在公网上找到安全的网页代理服务器进行网页访问的代理。

课后作业

一、单选题

1. 在机房中，常用于寻找特定网络跳线或者寻找断点的设备是（　　　）。

　A. 网线检测仪　　　　　　　　　　B. 寻线仪

　C. 红光笔　　　　　　　　　　　　D. 光功率计

2. 获取到169.254开头的IP地址，最有可能的原因是（　　　）。

　A. 网线断路　　　　　　　　　　　B. IP设置故障

　C. DHCP服务器故障　　　　　　　　D. 交换机故障

3. 共享出现问题，需要检查（　　　）。

　A. IP地址　　　　　　　　　　　　B. 网关

　C. DHCP服务器　　　　　　　　　　D. 共享设置

二、多选题

1. 当发生IP地址冲突时，（　　　）。

　A. 会产生广播风暴　　　　　　　　B. 冲突设备会不定时掉线

　C. 网络正常　　　　　　　　　　　D. 需要及时更换IP地址

2. IP地址正确，DNS错误会产生（　　　）。

　A. 无法上网　　　　　　　　　　　B. 可以上网

　C. 可以ping通网关　　　　　　　　D. 可以ping通域名

3. 网络突然严重阻塞，有可能是（　　　）。

　A. 网线断了　　　　　　　　　　　B. 有人下载

　C. 广播风暴　　　　　　　　　　　D. 被恶意软件攻击

三、简答题

1. 简述交换机的常见故障及修复方法。

2. 简述路由器的常见故障及修复方法。

四、动手练

按照10.4-2中讲述的内容，通过"疑难解答"检测计算机网络。

附录 课后作业参考答案

■第1章

一、单选题

1. A　2. D

二、多选题

1. ACD　2. ABC　3. ABD

三、简答题

1. 参考1.1.1的内容。

2. 参考1.2.3的内容。

3. 参考1.3.3中IP地址分类的内容。

■第2章

一、单选题

1. C　2. D

二、多选题

1. ABCD　2. ABCD　3. ABD

三、简答题

1. 参考2.2.1-3中的内容。

2. 参考2.1.2-1中的内容。

3. 参考2.2.2-4中的内容。

■第3章

一、单选题

1. C　2. A

二、多选题

1. CD　2. AB　3. ACD

三、简答题

1. 参考3.4.2的内容。

2. 参考3.5.3的内容。

3. 参考3.2.3、3.2.4和3.3.4的内容。

■第4章

一、单选题

1. D　2. C

二、多选题

1. ABC　2. ABCD　3. ACD

三、简答题

1. 参考4.3.2-2的内容。

2. 参考4.3.3的内容。

四、动手练

参考4.4.2-1和4.4.2-2的内容。

■第5章

一、单选题

1. B　2. A

二、多选题

1. BD　2. ABC　3. ABCD

三、简答题

1. 参考5.4.1的内容。

2. 参考5.2.1的内容。

四、动手练

参考5.4.2和5.4.3的内容。

■第6章

一、单选题

1. A　2. B

二、多选题

1. ABD　2. BCD　3. ACD

三、简答题

参考6.1.3-2的内容。

四、动手练

参考对应拓扑图下方的配置命令即可。

■第7章

一、单选题

1. C　2. A

二、多选题

1. ABC　2. ABCD　3. AB

三、简答题

1. 参考7.2.4-2的内容。

2. 参考7.3.2-2的内容。

四、动手练

参考7.3.1至7.3.4中的内容。

■第8章

一、单选题

1. A　2. C

二、多选题

1. ABD　2. ACD　3. AD

三、简答题

1. 参考8.4的内容。

2. 参考8.5.1-1的内容。

■第9章

一、单选题

1. B　2. A

二、多选题

1. ABCD　2. ABCD　3. ABC

三、简答题

1. 参考9.1.1-1的内容。

2. 参考9.1.1-2内容。

四、动手练

参考9.2中的内容。

■第10章

一、单选题

1. B　2. C　3. D

二、多选题

1. BD　2. AC　3. BCD

三、简答题

1. 参考10.3.3的内容。

2. 参考10.3.4的内容。

四、动手练

参考10.4-2的内容。

参考文献

[1] 张家超, 李桂青. 网络管理与维护项目教程 [M]. 北京: 中国电力出版社, 2018.

[2] 彭治湘, 范荣, 龙银香. 网络管理与维护 [M]. 4 版. 大连: 大连理工大学出版社, 2020.

[3] 刘峰波. 计算机网络技术 [M]. 北京: 电子工业出版社, 2019.

[4] 张宇超, 徐恪. 云计算和边缘计算中的网络管理 [M]. 北京: 机械工业出版社, 2020.

[5] 蔺玉珂, 王波. 无线局域网组建与优化 [M]. 北京: 人民邮电出版社, 2022.

[6] 刘永华, 张秀洁. 局域网组建、管理与维护 [M]. 3 版. 北京: 清华大学出版社, 2018.

[7] 高良诚, 刘杰, 朱俊. 局域网组建与管理项目教程 [M]. 2 版. 北京: 中国水利水电出版社, 2017.

[8] 杨海军. 局域网组建实训教程: 交换机和路由器配置 [M]. 北京: 中国建材工业出版社, 2021.